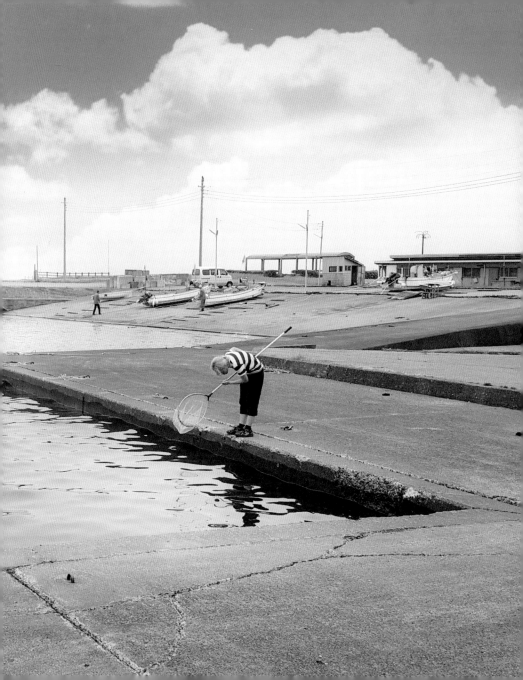

2章「漁港の生き物＆幼魚図鑑」の見方

漁港の一年を10の季節に分けて、それぞれの特徴と出会える生き物を紹介しています。

生き物の生態を解説しています。

生き物の名前と分類（目・科）です。

QRコードから、泳ぐ様子などが見られる動画ページにアクセスできます。

動画のないものは、生き物の紹介ページを見られます。

出会える時期を円グラフとページ左右に表示しています。

実際の大きさを確認できます。見つけるときの目安です。

著者が採集した場所を記しています。関東以外の漁港でも出会えます（種類・季節による）。

写真の生き物のサイズなどが分かります。

見つけ方とすくい方のポイントを詳しく紹介しています。

著者からのメッセージ。

成長したら姿が大きく変わる生き物を確認できます。

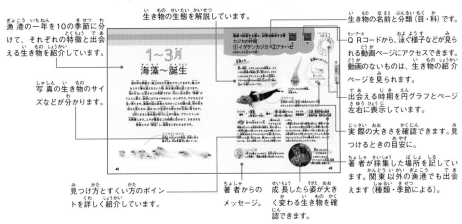

※成魚写真には一部、提供いただいた写真を掲載しています（186ページ参照）。

※紹介しているのは主に関東近海や伊豆半島の漁港で出会った記録です。

※よくいる場所や出会える時期といったデータは、基本的に幼魚のものです。

※地域や年によって現れる生き物の種類や時期が異なる場合があります。

※QRコードは、カメラアプリ上で拡大するか、専用アプリを使用すると読み取りやすくなります。

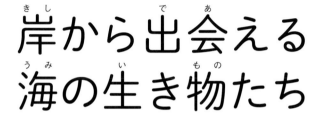

序章

岸から出会える
海の生き物たち

海といえば、夏のイメージが強いでしょう。
でも実は、一年を通して海の生き物たちと出会えるのです。
この章では、どの季節にどんな生き物が
漁港に現れるのかを見てみましょう。
生態や見つけ方、すくい方などの詳細は、
2章をご覧ください。

1~3月 海藻〜誕生

1月は冷たい水を好む"海藻"が育ち始める季節。漁港の海藻を隠れ家にして、魚たちも元気に育ちます。プランクトンが大繁殖する3月になると、さまざまな稚魚たちが"誕生"し、海面をにぎわせます。→42ページ〜

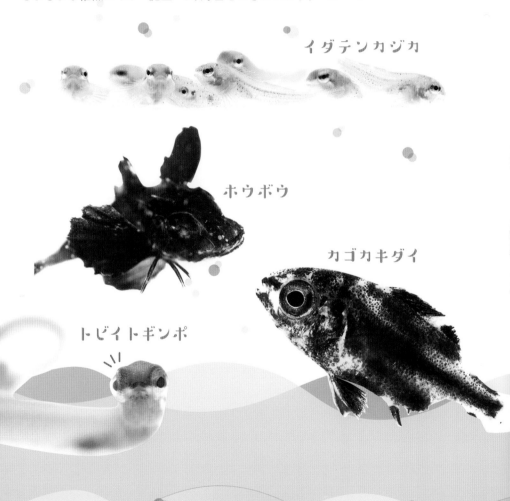

イダテンカジカ

ホウボウ

カゴカキダイ

トビイトギンポ

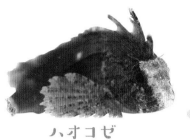

ハオコゼ

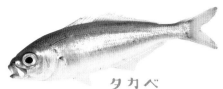

タカベ

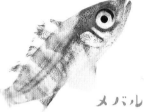

メバル

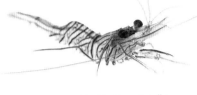

サラサエビ

4月 ハゼ

4月にとりわけ目につくのが"ハゼの仲間"。中層を優雅に舞う「遊泳性のハゼ」と
岩の上や壁面などに貼り付いて生活する「底生性のハゼ」、
生活スタイルの異なる2種類を観察できることが、この季節の醍醐味です。→54ページ〜

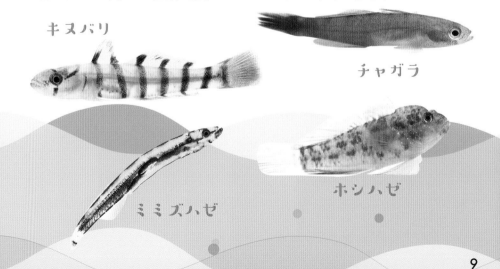

キヌバリ

チャガラ

ミミズハゼ

ホシハゼ

5〜6月 移動

季節が春から夏に変わるこの時期の漁港は、冬に浅瀬で暮らしていた魚たちが深場へ向かい、夏の魚たちがやってきます。予想のつかない出会いが魅力の季節。海の環境の変化に合わせた、さまざまな生き物の"移動"を観察できます。→60ページ〜

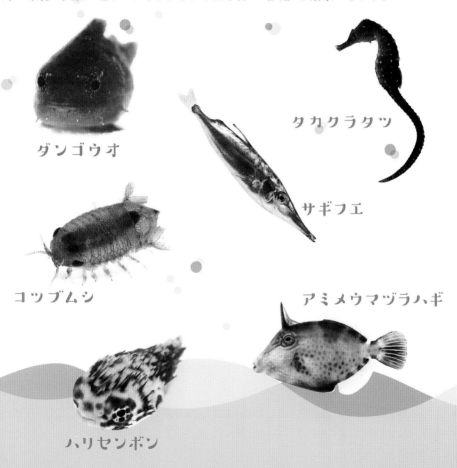

ダンゴウオ

タカクラタツ

サギフエ

コツブムシ

アミメウマヅラハギ

ハリセンボン

7月 流れ藻

"流れ藻"は幼魚たちを運ぶゆりかご。
7月になると関東の漁港にも多く流れ着くようになります。
風によって沖から漁港に運ばれる流れ藻を目指して、風と地形を読みながら
漁港を渡り歩く、謎解き宝探しのような、ワクワクする季節です。→74ページ～

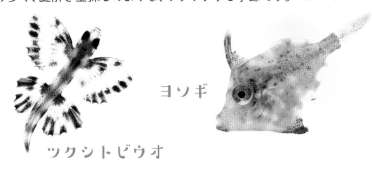

ヨソギ

ツクシトビウオ

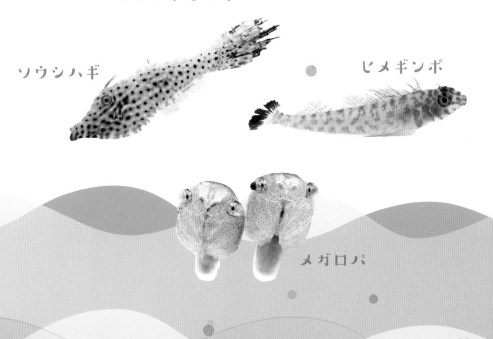

ソウシハギ

ヒメギンポ

メガロパ

8月 死滅回遊魚

真夏、海水温が高まるこの時期は、黒潮に乗って南の海から幼魚たちが流れてきます。
彼らは、種の生息域を広げるための開拓者。
冬になり海水温が下がると越冬できずに死んでしまうことから
"死滅回遊魚"と呼ばれます。近年は越冬することも増え、
"季節来遊魚"という呼び名のほうが一般的になっています。→90ページ～

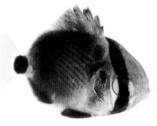

アケボノチョウチョウウオ

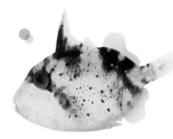

キヘリモンガラ

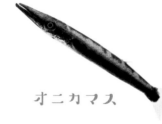

オニカマス

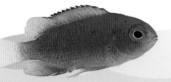

ソラスズメダイ

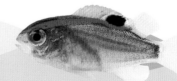

ミヤコキセンスズメダイ

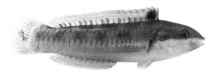

ニシキベラ

ツノダシ

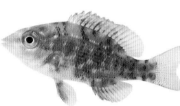

ハマフエフキ

8〜9月 クラゲ

岸壁採集での特殊なチェックポイントが"クラゲ"。
クラゲの毒のある触手に隠れて敵から身を守る者や、毒を利用して
生きている者がいるのです。自然界のバランスや
生き物のたくましさに触れ、共生関係を観察できる季節です。→104ページ〜

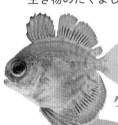

アオミノウミウシ

クラゲウオ

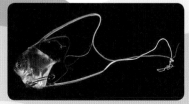

イトヒキアジ

9月 枯葉＆海面の旅人

落葉の季節。海面に舞い落ちる"枯葉"に擬態する生き物たちから、
進化の不思議を感じることができます。さらに、大海原へ出るための
旅支度をする幼魚たちも見られます。身を守るため、漂流物になりきる者と、
海面のきらめきに紛れる者、その両方を観察できます。→110ページ〜

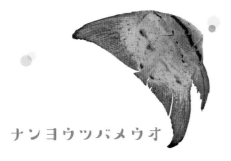

ナンヨウツバメウオ

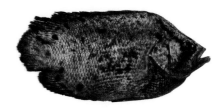

マツダイ

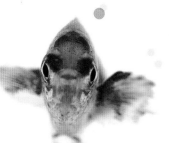

ハクセンスズメダイ

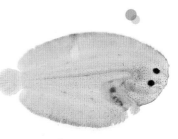

ササウシノシタ

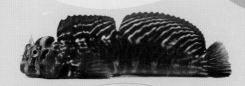

カエルウオ

10月 秋風

秋の天候は気まぐれ。時折強い"秋風"が吹きます。
この時期に漁港で多く見かけるのが、ずんぐり体形の幼魚たち。
丸々とした体に小さなひれの、いかにも泳ぎが苦手そうな子たちが、
風に流されて漁港の角にたまっています。→122ページ～

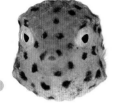

ミナミハコフグ

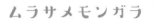

ムラサメモンガラ

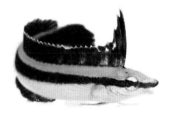

ニセクロスジギンポ

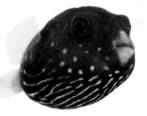

サザナミフグ

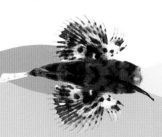

セミホウボウ

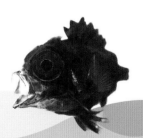

クルマダイ

10～11月 仮装

晩秋、海面に浮かんでいた枯葉や流れ藻が少なくなり
生き物たちの身の隠し方が変わります。ある者は透明になり、ある者は岩に化け、
またある者は瞬時に色を変える── 進化の末に身に着けた、
生き物たちによる"仮装"大会の季節です。→134ページ～

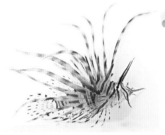

ハナミノカサゴ

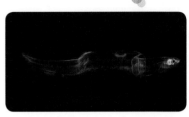

レプトケファルス

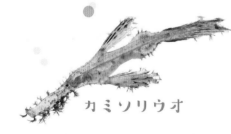

カミソリウオ

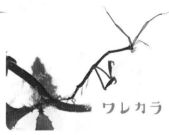

ワレカラ

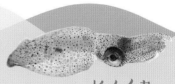

イソカサゴ

ヒメイカ

12月 深海

海水温が下がり、浅瀬と深場の温度のバランスが変わるこの季節。
普段はめったに見られない"深海"生物たちが浅瀬に現れます。
敵の少ないこの時期に浅瀬を漂い、プランクトンを食べて成長して、
深海へと下りていくのです。→144ページ〜

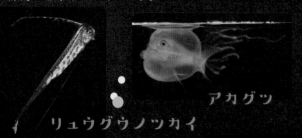

アカグツ

リュウグウノツカイ

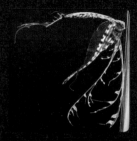

ユキフリソデウオ

ハナ

メガロパ

番外編　神出鬼没の珍生物

実は、ここまでに紹介した生き物たちとは異なり、
どんなタイミングで現れるのか、いまだに説明できない
ものもいます。謎多き珍生物たちと、
いつか出会えるチャンスがあるかも。→160ページ〜

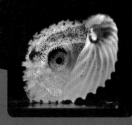

アオイガイ

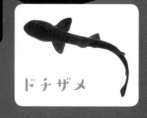

ドチザメ

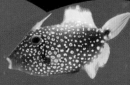

ハクセイハギ

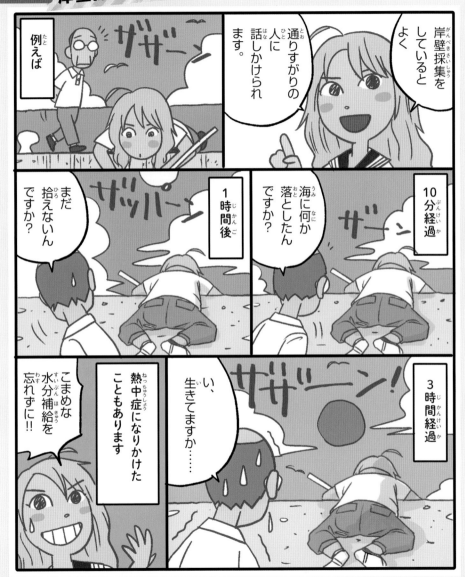

1章

"岸壁"に
海の生き物たちを
見つけに行こう！

岸壁採集の舞台は、名前のとおり

漁港を始めとする岸壁です。

海に入る磯あそびや海水浴、ダイビングとは

また違った楽しさがあります。

漁港の面白さ、岸壁採集で使う道具や適した服装、

そして海の生き物たちと出会うためのチェックポイントなど

岸壁採集の楽しみ方を一挙ご紹介します。

漁港の\ココ/が面白い！

ダイビングで海に潜ったり、浜辺で海水浴をしたり、磯で潮だまりにいる生き物を観察したり……いろいろな場所で海を楽しむことができますが、岸壁採集の舞台である漁港は、実はとても発見の多い特殊な場所なのです。そんな漁港の魅力を4つご紹介しましょう。

● かわいい「魚の赤ちゃん」に出会える
● 珍しい生き物と出会えるチャンスがある
● 海鳥と同じ視線で上からのぞいて見る楽しさがある
● 人工的な漁港の中で生態系を観察できる

魅力 1 "稚魚"や"幼魚"に出会える！

魚には成長段階によって呼び名が付いています。卵から生まれたばかりは「仔魚」。これは人間でいうと新生児にあたり、自分でエサを食べることがまだ難しい状態です。そこから成長して「稚魚」になると、プランクトンなどを食べるようになりますが、まだ流れに逆らって自力で移動する力はあまり持っていません。人間で例えるなら、ハイハイをする時期の赤ちゃんでしょう。そして「幼魚」になると、ひれのつくりもしっかりしてきて、ある程度移動できるようになりますが、まだ敵から逃げたり戦ったりと、自力で身を守る力は十分ではありません。人間では幼稚園生から小学生くらいにあたります。こ

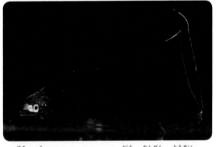

① 敵に見つからないよう、体を完全に透明にしているウツボの仲間のレプトケファルス幼生。
→ 138ページ

こから「若魚」を経て「成魚」、つまり大人になります。明確な定義は難しいですが、生殖能力を持つようになれば、幼魚を卒業したことになります。

こうした成長過程の中で、漁港で出会

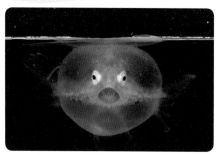

②よく知られた深海魚「アカグツ」ですが、稚魚の姿の記録はありませんでした。→**148ページ**

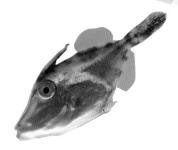

③ダイバーさんにはおなじみの「メガネウマヅラハギ」。幼魚の姿がこんなにメタリックだとは知られていませんでした。→**165ページ**

えるのは主に稚魚と幼魚です。僕が大好きな稚魚と幼魚。彼らの魅力は、とにかくかわいいこと！……というのはもちろんですが、生態にも興味深いことがたくさんあるのです。

かわいいだけじゃない！
すべての姿に物語がある

　体が小さく泳ぎもまだ速くない彼らは、生き抜くために我々の想像の斜め上をいく姿をしていたり、とんでもない器官を持っていたりします。グロテスクな顔にも、癒やし系キャラのようなかわいらしい姿にも、不自然に突き出た角も、すべて意味がある。その物語を知ると、彼らが一気にいとおしい存在になります。（写真①）

新たな発見の可能性が潜んでいる

　実は、稚魚や幼魚はまだあまり研究が進んでいません。全身がトロのマグロやウナギの養殖など、魚の研究は我々の日常に密接に関わるところから発展します。つまり、魚市場に並ぶような魚たち。また、漁業だけでなく、海あそびの主流である釣りでも成魚に接することが多いですよね。『日本産稚魚図鑑』（東海大学出版会）という素晴らしい専門図鑑（僕の愛読書です！）があるのですが、一部の魚を除いて、やはり世の中には成魚に関する情報のほうが多いのです。

　そのため、稚魚や幼魚は、新たな発見がたくさん潜んでいる分野なのです。よ

く知られている魚でも小さい頃の姿は発見されていない、稚魚にしかない特殊な器官が何の役に立っているのか分からない……。そんな謎多き彼らの生態について、漁港の足元で大発見が生まれる可能性がある、ロマンあふれる世界なのです。（写真②③）

変化を観察できる楽しさ

　稚魚や幼魚は、観察するとみるみる姿を変えていくことも魅力。海面を漂っていたときは透明だったのに、観察ケースに入れてみたら底面に降り立って色が付いた、といった変身・変態ぶりを見せてくれることがよくあります。また、僕は自宅の水槽でも幼魚を育てているので、ほんの数日でまるっきり別の魚のようになって驚かされたことが何度もあります。

　成長段階と環境変化に合わせて生活スタイルを変えていく彼ら。それが見た目の変化に表れてくるところに、生命の神秘を感じて、とてもワクワクします。（写真④⑤）

　漁港には、そんな稚魚や幼魚がたくさん現れます。風や流れに乗って運ばれて来た彼らにとって、大きな魚が少ない漁港は、敵に襲われる心配が少なく、そして波も穏やかなので、安全で居心地よい隠れ家になるのです。

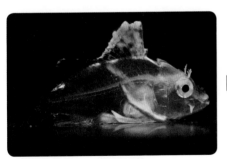

④海面を漂っていた透明な稚魚。

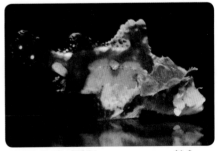

⑤たった4日で着底してオニカサゴの仲間らしい姿に変身しました。→**128ページ**

ここで豆知識！

海の生き物の「生活型」

海の中で暮らす生き物は、生活スタイルによって大きく3つに分類することができます。これを「生活型」と呼びます。特に「プランクトン」が有名で、小さな生き物のことを呼ぶ言葉のように誤解されがちですが、実は大きさや分類に関わらず、生活スタイルを指す言葉なのです。魚も最初は"プランクトン"なのです。

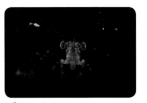

プランクトン
遊泳力を持たない、もしくは持っていても水流に逆らって移動できるほどではなく、浮遊生活をする生き物。クラゲや一部の稚魚・幼生が含まれます。

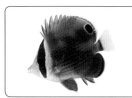

ネクトン
自力で海中を移動できる、遊泳生活をする生き物。多くの魚がここに属します。

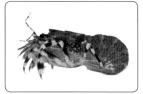

ベントス
海底の砂地や岩の上などに貼り付いている底生生活をする生き物。カニや貝などがこれにあたります。

魅力 2 出会える生き物の幅が広い！

漁港内に棲み着いて成長している生き物もいますが、稚魚や幼魚の多くは、風に乗って、たまたま漁港に流されてきたものたちです。漁港での出会いは風まかせ。その分、毎年、毎月、毎日、さらにはたった1時間違うだけでも、新しい生き物が沖から流れ込んでくるのです。

生まれて28年間、関東周辺の漁港に通い続けている僕ですが、いまだに毎回のように新しい生き物が現れます。この本で紹介している約210種の生き物以外にも、多くの出会いがありました。いつ訪れても新鮮な発見が満ちている。これが、漁港の魅力のひとつなのです。

23

3 生き物を上から見る〜海鳥の目〜

水族館でも動物園でも、生き物は横から見る機会が多いですよね。ただ、上からのぞくからこそ見えてくる生態もあるのです。自然界では上からの視点というものがとても大切になってきます。

例えば海面付近で暮らす魚たちは、海中で出会う敵だけでなく、海上から襲ってくるハンター、海鳥たちの目を意識して生きています。マグロ、サバ、アジなどを思い出してください。背中が黒っぽくて、おなかが銀色になっていますよね。これは、海鳥が見下ろしたとき、黒っぽく見える海面に同化して見つかりにくくするため、そして大きな魚が下から見上げたとき、海面のきらめきに紛れるための配

色"保護色"なのです。(写真⑥)

岸壁採集の話をすると、よく「魚って上から見えるの?」と聞かれます。「意外と見える」が答えなのですが、横から見たときよりも見つけにくいのは、こうした生き残るための知恵が備わっているからなのです。

⑥サバの仲間は背と腹の色分けだけでなく、背中にさざ波のような模様をまとうことで、より海面に溶け込めるよう進化しています。

4 人工的な環境と自然との融合

漁港という環境について考えてみましょう。磯や砂浜は自然が作りだした環境ですが、漁港は人間が作ったもの。いってみれば不自然な環境です。しかしそこには海藻が生え、貝類がひしめき、生態系が築かれ、季節の移り変わりが反映さ

れています。人工的な環境の中にきちんと自然を見ることができる、特殊な場所なのです。それぞれの季節に、漁港の環境がどう変わり、それに合わせてどんな生き物たちが姿を現すのか、詳しくは2章でご紹介します。

岸壁採集の特長と道具紹介

漁港という場所の楽しさが分かったら、次は岸壁採集の特長と、採集に必要な道具を紹介します。岸壁採集は、網1本とバケツが1つあればすぐに始められます。採集したい魚の種類など、目的や状況に応じて、網の数や種類を増やしていくとよいでしょう。

● 岸壁（漁港）は足場が安定しているので安全

● 海に入ったり潜ったりしないのでぬれない

● 網とバケツがあれば手軽に採集できる

　岸壁採集の長所は、安全性と手軽さです。磯あそびはとても楽しくて僕も大好きなのですが、慣れないうちは足元がデコボコしていたり滑りやすかったりして、歩きにくいと感じるかもしれません。一方、漁港は人間が歩いたり作業をしたりするために整備された場所ですから、小さなお子さんから大人まで安全に観察を楽しむことができます。また、海に入るわけではないので体がぬれず、あまり生き物がいなかった場合に、すぐに次のポイントへ移動することができます。海沿いを車で走ると多くの漁港があるので、ドライブがてら、いくつかの漁港を巡ってみるのも楽しみ方のひとつです。

　そしてなんといっても道具がシンプルなこと。ダイビングや釣りを楽しむには、いろいろな道具を買いそろえたり借りたりする必要がありますが、岸壁採集は基本、「タモ網」と「バケツ」さえあればできてしまう活動なのです。多くの釣具屋さんで、安価な道具を手に入れることができるこの手軽さこそ、海あそびへの入り口としてオススメしたい理由なのです。ここでは、最低限必要なタモ網とバケツの選び方から、あると便利なちょっとマニアックな道具までご紹介します。

タモ網（網）

網が金属などの枠で形を整えられ、そこに柄が付いているものを「タモ網」と呼びます。虫取り網と同じ構造ですが、海用のものはより強く、さびにくく作られています。

稚魚や幼魚を観察するのに適したタモ網の選び方は、まず網目がなるべく細かいこと。稚魚たちは見た目以上に体が細く、釣り用の大きな目の網ではすり抜けてしまいます。次に枠の形。主に丸いものと一辺が平たくなっているものがあります。漁港では岸壁沿いに貼り付いている生き物も多く、丸いと壁面との間に隙間ができて逃げられ

てしまうので、最初に用意する1本としては、平たいタイプのものを選ぶことをオススメします。そして大事なポイントは、その平らな辺が金属でコーティングされていること。岸壁にはコンクリートのデコボコや貝類など、引っ掛かるものがたくさんあります。網目が枠の外にむき出しの状態では、ガリガリしたときにすぐに破れて使えなくなってしまうのです。こうした基本タイプのタモ網は、多くの釣具屋さんで1300円前後で手に入ります。（写真⑦）

僕は普段、魚との距離や魚種に合わせて何種類ものタモ網を使い分けています。その中でも持っていると便利な2本をご紹介しましょう。（写真⑧、⑨〜⑩）

金属コーティング ── されている

⑦

●基本のタモ網

最も頻繁に使う基本的なタモ網。柄の長さが調節でき、網目がこすれないよう、平らな辺が金属でコーティングされています。

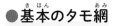

選び方のポイント

● なるべく網目が細かいもの

● 枠の一辺が平たくなっているもの（最初の1本に）

● 枠の平らな辺が金属でコーティングされているもの

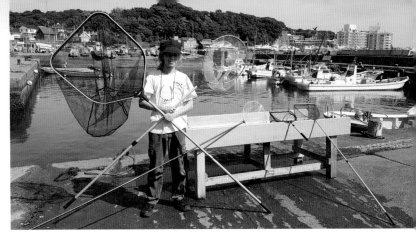

⑧僕は、大小・長短さまざまなタモ網を使い分けています。

●あると便利なタモ網

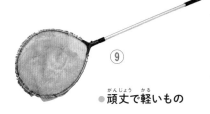

⑨

● 頑丈で軽いもの

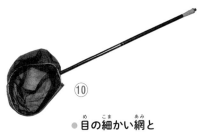

⑩

● 目の細かい網と
組み合わせるとよい

大きめの網 ▶ 泳ぎの速い幼魚の挟み撃ちに

釣りのランディングネット(釣れた魚を陸上や船上に引っ張り上げるときに使う網)として売られているもので、伸ばすと2メートル以上になります。網目が粗いため稚魚採集には向きませんが、泳ぎの速い幼魚を追いかける際に活躍します。さまざまなタイプが売られているので、実際に持ってみて、頑丈かつ軽くて動かしやすいものを選びましょう。岸壁沿いをこするわけではないので、形は丸で大丈夫です。素早い幼魚は挟み撃ちすることが多いので、2本用意しておくと便利です。

長い網 ▶ 離れた場所に浮かんでいる生き物に

こちらもランディングネットですが、折り畳み式で、伸ばすと4～6メートルほどのものが主流です。柄と網部分がセットで売られているものがお手頃価格ですが、付属の網目はかなり粗いことが多いので、僕は目の細かい網を別に買って、柄に付け替えて使っています。数メートル離れた海面に浮かんでいる生き物をすくうのに重宝します。ただし、このタイプは水の抵抗を受けると柄がしなりやすいため、素早く泳ぐ魚を追いかけることには向いていません。あまり泳がない稚魚をすくったり、離れている流れ藻を手繰り寄せたりする際に活躍します。

生き物の観察用には取っ手の付いた一般的なバケツが便利ですが、もう1つ岸壁採集に欠かせないのは、ロープが付いた「水くみバケツ」です。磯と違って漁港は海面まで距離があることも多く、手を伸ばして水をくむことが難しい場所。ロープ付きのバケツを持っておけば、漁港の高さを気にせず簡単に海水を引っ張り上げることができます。最近は着水したときにきちんとバケツが反転して海水をすくえるよう、縁の片側にオモリが入っている便利なものが主流になってきました。どちらも釣具屋さんで数百円～1000円前後で手に入ります。

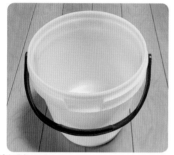

一般的なバケツ ▶ 観察に

取っ手付きの一般的なバケツ。白っぽいもののほうが、生き物を観察しやすいです。

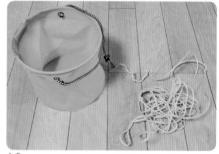

水くみバケツ ▶ 海水のくみ上げに

水が入ると重くなるので、引っ張り上げる際の滑り止めになるよう、ロープに一定の間隔で結び目を付けておくと便利です。はじめから滑り止めが付いているロープも売られています。

あると便利な道具たち

● **ひしゃく** ▶ デリケートな生き物に

高さのある漁港では、魚を海面からバケツまでタモ網で引き上げる際に、どうしても数秒間空気に触れさせてしまうことになります。幼魚の多くは、それくらいではほとんど弱りませんが、リュウグウノツカイ（→146ページ）のようにとてもデリケートな種や稚魚たちにとってはこの一瞬も大きなダメージになってしまいます。そこで登場するのが「ひしゃく」。水ごとすくい上げれば弱ることはありません。僕は柄が約1.5メートル、水をすくう部分の容積が2.7リットルもある巨大なひしゃくを常に持って採集しています。

●いけすとエアーポンプ ▶ 生き物の元気を保つ

　すくった生き物を元気な状態で観察するためにぜひ持っておいてほしいもの。釣具屋さんで手に入る、魚を生かすための専用のクーラーボックス（いけす）です。側面にエアーポンプを引っ掛ける部分が付いていて、ふたにはエアーチューブを通す穴が開いています。僕は四角いものと丸いものの2種類を使っており、小さい魚やあまり泳がない生き物は四角いほうに、大きめの魚や泳ぎ回る生き物は回遊できるよう丸いほうに入れるようにしています。

　形や強度、大きさも大切ですが、選ぶ際に一番重要なのは「保温機能」です。魚は水温が1℃変わると人間にとっての10℃分くらいのダメージを受けるともいわれています。どのくらいの厚みの保温材で包まれているのか、説明をよく読んで、より温度変化を抑えられそうなものを検討しましょう。

　漁港には電源はありませんので、エアーポンプは乾電池式のものを用意しましょう。また、セットでエアーチューブと、その先に付ける簡易フィルターもそろえておきましょう。普通のエアーストーンでも水中に酸素を送り込むことはできますが、観察や撮影までに数時間かかる場合には、より水質をよく保てるよう、エアーの力で水中のゴミを吸い取る簡易フィルターの使用をオススメします。

魚専用のクーラーボックスは、保温機能がしっかりしているものを選ぶことをオススメします。2000円前後のものから、1万円以上するものまでさまざま。

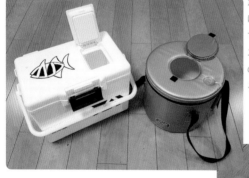

乾電池式のエアーポンプ。2000円前後からあります。簡易フィルターも使用すると、水質をよりよく保てます。

● プラスチックのコップ（プラコップ）
▶ 生き物の移動に

水中で生活する魚は、水から上げるとエラがふさがって呼吸ができなくなってしまいます。網からバケツへ、バケツから観察ケースへ移動させるときに手の平に乗せて運んでしまうと、呼吸ができないだけでなく、急激な温度差により"大やけど"状態に。デリケートな稚魚や幼魚はほんの数秒で致命傷を負ってしまいます。大切なのは、なるべく水から出さないこと。そのためにプラコップを持っていると便利です。写真はシイラの幼魚（→79ページ）を運んでいるところ。

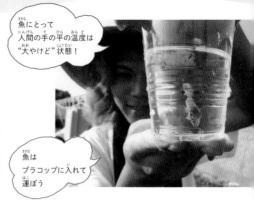

魚にとって
人間の手の平の温度は
"大やけど"状態！

魚は
プラコップに入れて
運ぼう

● 隔離ボックス　▶ 捕食者から幼魚を守る

いけすの中に、大小さまざまな生き物たちを一緒に入れておくと、中で食物連鎖が起こることがあります。捕食者のいるいけすに幼魚を入れたいときに活躍するのが「隔離ボックス」です。水槽用の隔離ボックスは大きいものが多く、いけすに入れると魚が挟まって傷ついてしまうことがあるため、写真のような角の少ない筒状の小さなものを2〜3個用意しておくとよいでしょう。観察しようと思ったら捕食されていなくなっていた（！）という悲しい出来事を避けることができます。

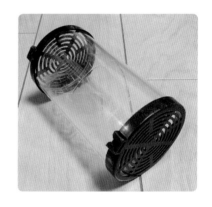

● 水鉄砲　▶　網が届かない遠くに魚がいるときに

なくても困らないけれど、もしものときに役に立つ……かもしれない道具が「水鉄砲」です。長い網を持っていてもなお届かない距離に、珍しい幼魚が浮かんでいることがあります。そんなときに水鉄砲を打つと、遠くの魚を近くに寄せることができることも。ただし、海水を入れるとすぐに詰まって使えなくなるので、タンクには水道水などを入れるよう気を付けましょう。

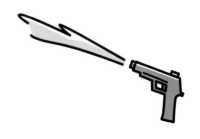

●夜の採集道具 ▶ 使用には注意

夜の岸壁採集においても、基本の道具はタモ網とバケツですが、加えて持っておくと便利なものがいくつかあります。

●懐中電灯

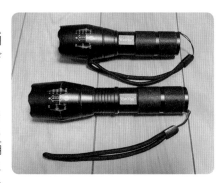

真っ暗な中、足元を照らすための必需品。海中を照らして魚を探す場合は、写真のように伸縮させることで焦点を絞れるタイプのものが役に立ちます。明るさを重視するなら、ダイビング用のライトもオススメです。ただし、懐中電灯で海中を照らしてはいけない地域もあり、また、魚が驚いて逃げてしまうことがあるため、釣り人が近くにいるときに使うと嫌がられるので注意が必要です。

●たらい

夜に岸壁採集をする際、ぜひ持っておきたいのが大きめのたらいです。真っ暗な中で生き物をすくうと、手元がよく見えないので、網の中で見失うことがあります。懐中電灯で探しているうちに生き物はどんどん弱ってしまうので、すくったらとにかくたらいに張った水に網ごと入れ、たらいの中で探すようにしましょう。この方法は生き物を弱らせないだけでなく、小さすぎて海面では気付かなかったプランクトンとの、思いもよらぬ出会いがあることもメリットです。僕は持ち運びに便利な折り畳み式の少し柔らかい素材のたらいを使っています。

●集魚灯

プランクトンは光に集まる習性があるため、それを利用して魚を寄せる道具が「集魚灯」です。街灯のない漁港では重宝しますが、こちらは懐中電灯以上に法令で禁止されている地域が多いため、事前に水産庁のホームページなどを確認するようにしましょう。

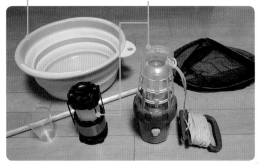

岸壁採集の服装

海に入らないため、水着やウエットスーツといった専用のものは必要ありませんが、岸壁採集ならではの、適した服装があります。なお、寒い時期は防寒対策も忘れずに。

● つばの広い帽子

炎天下での海あそびには必須。風で飛ばされないよう、頭にピッタリ合うものを選びましょう。クリップで服に留めておくこともオススメです。

● 首に巻くタオルや手ぬぐい

足元をのぞく岸壁採集では、首の後ろ側が真っ赤になります。少し長めのタオルや手ぬぐいを首にかけておきましょう。ちょっと手を拭くときにも活躍します。

● 日焼け止め

アウトドアの必需品。首の後ろや足裏側を特に念入りに、露出している部分にはしっかり塗りましょう。ただし、日焼け止めの成分は魚たちに悪影響を与えることがあるため、バケツに手を入れて作業をする際に海水に成分が溶け出さないよう、手だけは塗らないことをオススメします。

● 靴

海といえばビーチサンダルや磯靴のイメージかもしれませんが、海に入らない岸壁採集では、滑りにくく、歩きやすく、ケガを防ぐために、できるだけ露出の少ないスニーカーなどを着用しましょう。

● 色の薄い＆
UVカットのサングラス

海面は日光の照り返しが強く、長時間見ていると目に大きな負担がかかります。サングラスは常にかけておくことをオススメします。色が薄く、しっかりとUVカットされるものを。

● 長袖＆ひざ下丈の服

すりむくなどのケガや、日焼け防止のため、上は長袖、下はひざが隠れる長さのものをオススメします。

● ライフジャケット

漁港で万が一海に落ちてしまったら、高さがある分、すぐに上がることができず危険です。パニックになることも考えられます。よほど海に慣れている人以外は、必ずライフジャケットを着用しましょう。浮力材が入っているがっしりしたものや、着水すると自動で膨らむベルト型のものなど、いろいろなタイプが売られているので、自分の体格に合ったものを選びましょう。

幼魚に出会うための
ポイントを徹底解説！

道具と服装の準備が整ったら、いざ岸壁採集へ！　ただし、闇雲に漁港を探してもそう簡単には幼魚に出会えません。ここでは、岸壁採集に適したタイミング、場所、そして幼魚を見つけるためのチェックポイントをご紹介します。

日時を決めるための2つのキーワード

その1　「大潮」

　月に2回、満月と新月のタイミングに合わせて、1日の潮の満ち引きの差が最も大きくなる時期があります。

その2　「満潮」

　1日の中で、潮の満ち引きは2度繰り返されるため、水位が最も高くなる満潮が2回やってきます。

　2つのキーワード、「大潮」と「満潮」が重なるときが、最も多くの幼魚に出会えるタイミングです。漁港を大きな箱と捉えた場合、潮が満ちるときはその分多くの海水が箱の中に入ってくることになり、それに乗って生き物たちが外海から流れ込んでくるのです。自ら海に出て探しに行くのではなく、漁港に入ってきた生き物だけを観察する岸壁採集にとって、このタイミングは最適。徐々に潮が上がり始める満潮時刻の2時間前くらいから、流れが落ち着いて引潮に切り替わる30分後にかけての時間帯が特にオススメです。

　これらの情報を知るために、まずは「潮汐表」を見てみましょう。1年間の潮の満ち引きが記された海のカレンダーのようなものです。釣具屋さんに置いてあるほか、インターネットや専門アプリなどでも調べられます。

場所を決めるための2つのキーワード

　出かけるタイミングは決まりました。今度はよい漁港を見つけるためのキーワードです。岸壁採集に適した漁港というのは、季節や時間帯によって変わります。2つのポイントを意識して、その都度場所を見定めましょう。

その1 「地形を見る」

その2 「風を読む」

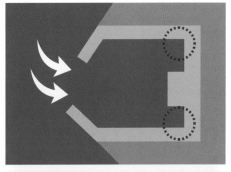

「地形を見る」とは

　漁港の形は場所によってさまざま。シンプルな「L字型」や「コの字型」のものから、複雑に入り組んだものまで個性豊かです。まずはそれぞれの漁港を上空から見た形を意識してみましょう。イメージが湧きにくい場合は、地図アプリなどで航空写真を見てもよいかもしれません。特に大事なのが、外海に向かって開いている入り口がどちらの方向なのか、そして何カ所の角があるのかです。

「風を読む」とは

　岸壁採集は風に頼っている部分がとても大きいです。無風の日でも生き物には出会えますが、遊泳力の弱い稚魚や幼魚たちは風によって流されて漁港に入ってくるので、どちらの方向からどのくらいの風が吹いているのかという情報は、有意義な手掛かりになります。ゴルファーと同じですね。

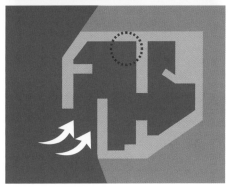

　この、地形と風の情報を合わせて、外海側から手前に向かって、漁港の入り口から奥へ向かって風が吹いているような条件の漁港を探しましょう。風に乗って漁港へ入ってきた漂流物は風下側の角にたまるので、そこがベストポイントとなります。風向きは刻一刻と変化するので、それに合わせて場所を移動していくと多くの生き物に出会えるでしょう。

幼魚を見つけるための5つのチェックポイント

その日、その時の最適な漁港を見つけました。次はいよいよ、具体的に幼魚に出会うための漁港内のチェックポイントをご紹介します。

● その1「流れ藻」

夏が近づくと、漁港の風下側には多くの流れ藻が打ち寄せられます。もともとは海中の岩から生えていたホンダワラなどの海藻が、ちぎれて海面に浮かんだもの。これが沖を漂っていると、幼魚たちにとっては大海原で唯一の隠れ家となります。多くの幼魚を乗せたまま風で流されて漁港に入ってくる流れ藻は、まさに宝船のような存在。岸壁採集でまず初めにチェックしたいポイントです。特に流れ藻の縁のあたりをじっと見ていると、

時々隠れていた幼魚がひょこっと顔を出す様子が観察できます。一見何もいないように見えても、試しにすくって網の中で揺すってみると、隠れていた幼魚が落ちてくるかもしれません。また、流れ藻の中には、隠れにきた幼魚を待ち伏せして捕食するハンターも潜んでいます。この中だけでもひとつの生態系が成り立っているのですね。

→詳しくは2章「7月 流れ藻」(74ページ〜) 参照

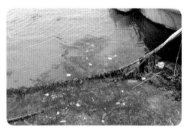
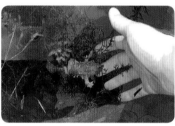

流れ藻に擬態して獲物を待ち伏せするハナオコゼ。(→79ページ)

● その2「係留ロープ」

漁港ならではのポイントが、岩壁と漁船をつなぎ留める「係留ロープ」。人工物ではありますが、長年使われているため、貝類や海藻が生い茂っているものが多く見られます。そこは幼魚たちの隠れ家でありエサ場。流れ藻が見られない時期でも係留ロープはあるので、その周りに何か生き物が付いていないかよく探してみましょう。ただし、漁師さんの大切

な道具なので、引っ張ったり傷つけたりは絶対にしないように気を付けてください。

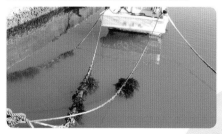

35

● その3「角」

　風下側の角には流れ藻などが打ち寄せられているので要チェックですが、漂流物がなくても角には生き物が集まっていることがあります。理由の1つは、影になっていること。カサゴの仲間（→50ページ）など暗い場所を好む幼魚たちは、日中こうした日陰部分に身を隠していることがあるので、角の少し深い場所をのぞいてみると出会えるかもしれません。ただ不思議なことに、影になっている凹形の角だけでなく、日の当たっている凸形の角にも幼魚たちが集まっているのです。考えられる理由としては、渦ができていること。

　角は2方向からきた流れがぶつかって特殊な水流が生まれている場所です。そこにはゆるやかな渦ができて、エサとなるプランクトンなどが集まっているように思われます。

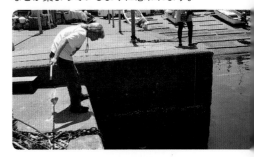

● その4「クラゲ」

　触手に毒を持つクラゲたちは、本来はなるべく近づきたくない存在ですが、実はここに幼魚が隠れているのです。逃げる力がまだ強くない幼魚たちの中には、自ら触手の間に身を投じ、クラゲの毒によって大きな魚から守ってもらうという方法を取ったつわものたちがいます。海に入らない岸壁採集だからこそ、上からそっと近づいて観察できるクラゲたち。触らないように気を付けながら、その特殊な隠れ家をのぞいてみましょう。

→詳しくは2章「8〜9月 クラゲ」(104ページ〜) 参照

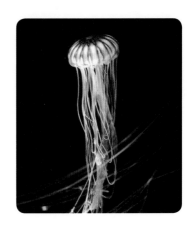

● その5「波紋」

最後に、少し上級者向けのチェックポイントをご紹介。この写真のように、光の反射によって海中の様子が見えづらい場合があります。そんなときに幼魚の居場所の手掛かりになるのが、海面に広がる丸い「波紋」です。幼魚は海面すれすれを泳いでいることも多いため、時々波紋を生み、照り返しの中でも存在に気付くことができるのです。写真の右上にできた波紋の中心にはシイラ（→79ページ）の幼魚が、左側にある波紋にはアヤトビウオ（→75ページ）の幼魚がいます。

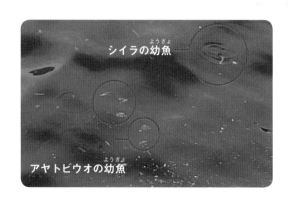

シイラの幼魚

アヤトビウオの幼魚

岸壁採集の達人になるための極意「違和感を探せ！」

ここまで、場所選びの方法やチェックポイントなどをご紹介しましたが、岸壁採集で幼魚に出会うために一番伝えたいことは**「違和感を探す」**という言葉です。幼魚たちは身を守るために、流れ藻の奥に隠れていたり、海藻に擬態していたり、透明になっていたりと、忍者のように環境に溶け込んでいます。そんな彼らを相手に「魚を探そう」と思って挑んでも、そう簡単には見つからないのです。そこで大切なのが、**"違和感察知能力"**。「なんかあの辺が動いた気がする」、「自分ならあの海藻の陰に隠れたい感じがする」、「流れ藻の縁からひれっぽいものが見えているような、いないような……」といった、あやふやだけれど直感的なセンサーをフルに働かせてみてください。すると、何もいないと思っていた足元の海に、突然彼らの姿が浮かび上がってきます。森の中で透明なプレデターを探すシュワちゃんの気持ちになってみましょう。

ふわふわ～っと海面を漂ったり流れ藻にかくれたり。見つけられるかな～？

37

岸壁採集家の3つの心得

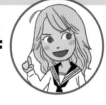

手軽に始められる岸壁採集ですが、
楽しむために守ってほしい"3つの心得"があります。

その1● 漁港は"漁師さんのお仕事場"ということを忘れずに

当たり前のことですが、漁港は"漁師さんのお仕事場"です。我々岸壁採集家は、そこにお邪魔して、海をのぞかせていただいています。それも、網を持って、地面にはいつくばって……漁師さんから見たら、"アヤシイ侵入者"です。次のことは、当然気を付けましょう。

● 漁船が帰港するときには邪魔にならない
　場所に移動する
● 漁師さんが作業をしているときは
　近くをウロウロしない
● 船やお仕事道具に触らない
● ゴミは捨てずに持ち帰る

また、漁師さんの近くを通るときには挨拶をして、感謝の気持ちも忘れずに。時々「何を採ってるの?」と声を掛けられることがあります。そんなときは、幼魚を観察する目的で漁港をのぞいていることを、きちんと説明

しましょう。「ここは作業場所だからどいてほしい」と言われたら、ただちに道具を片付けて移動しましょう。

そして、最も気を付けなければならないのは、**法令で禁止されている生き物を決して採らないこと**。サザエやアワビ、イセエビといった、その地に根付く重要な水産資源は、特別な権利を持った立場の人しか取ってはいけないことになっています。また、場所によって採集を禁止している種類や大きさが決められているので、事前に水産庁のホームページで確認したり、漁港の立て看板をしっかり確認するなどして必ず守るようにしましょう。

これは、海の資源や環境を壊さないため、海が美しく保たれるため、これからもおいしい海の幸をいただけるため、末永く幼魚観察を続けられるため……未来のための大切な取り決めです。岸壁採集家から密漁者が生まれないことを切に願います。

ルールを守ろう
● 法令、漁港で禁止されている生きものを採らない
● 水産庁のホームページで情報を確認する
● 漁港の立て看板の注意書きを確認する

その2●"熱中しすぎ"にご用心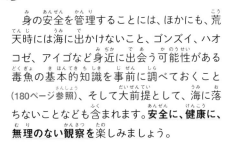

　漁港は上から照り付ける日光だけでなく、地面も熱くなるので、**熱中症になりやすい場所**。同時に潮風が心地良いため、それに気付きにくい場所でもあります。いくら楽しくても、飲食も忘れて生き物を観察し続けるほど熱中する──なんてことはいけません。**こまめな休息と水分補給**をどうか忘れないでください。

　身の安全を管理することには、ほかにも、荒天時には海に出かけないこと、ゴンズイ、ハオコゼ、アイゴなど身近に出会う可能性がある毒魚の基本的知識を事前に調べておくこと（180ページ参照）、そして大前提として、海に落ちないことなども含まれます。**安全に、健康に、無理のない観察**を楽しみましょう。

その3●原則生き物は"採集場所に放す"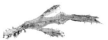

　生き物が採れるとうれしくて、つい家に連れ帰りたくなりますよね。しかし、海水魚、特にデリケートな稚魚や幼魚を輸送したり飼育したりするのは想像以上に難しいことです。生まれたときからずっと家に海水水槽がある僕ですが、28年たった今も、より良い飼育方法を模索している途中です。ようやく稚魚を元気に育てられるようになってきましたが、その方法をご紹介するには、本をもう1冊書かないと伝えきれないほどです。ですので、海水魚飼育に自信のある方以外は、原則として採集した生き物はその場で観察して、写真や映像に収め、出会った漁港に戻すようにしましょう。元気に海に帰せるよう、なるべくダメージを与えないように気を配りながら観察することが大切です。

　ただ、飼育観察してこそ見えてくる、興味深い生態も多々あります。自分自身が多くの魚を飼育しているので、飼いたいと思う気持ちを止められる立場にはありません。代わりに僕からのお願いです。か弱い幼魚たちを海から家に連れてくることは、大きな責任を伴います。海水魚を扱うショップの店員さんなど専門家に細かく方法を教えてもらい、しっかり水質を管理できる設備を整え、魚種や成長段階に合わせたエサのあげ方を工夫し、健康状態の管理に気を配り、毎日一定の時間を魚たちにささげる覚悟を持てる方だけ、飼育にチャレンジしてみてください。そして漁港から連れ帰る場合には、水槽の規模に合った分だけ、無理なく飼育できる種類だけ、数匹の"選抜メンバー"だけを安全に家まで運ぶようにしてください。

岸壁採集の基本
●観察・撮影が終わった生き物は漁港に戻そう
●飼育する場合には、十分な設備と知識と覚悟が必要

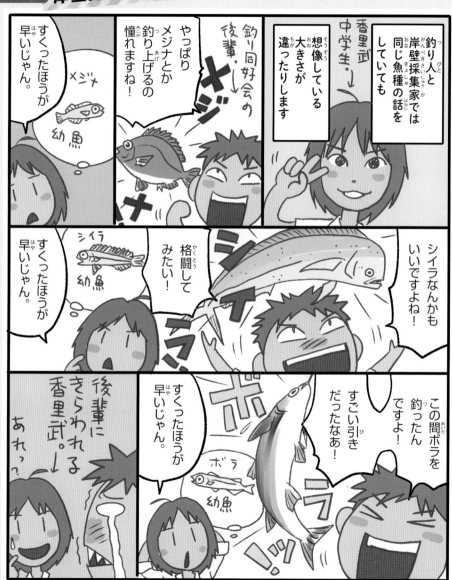

2章

漁港の生き物
&
幼魚図鑑

陸上に季節があるのと同じように、漁港の海中にも四季があります。
水温や流れの変化に合わせて生えている海藻や
浮かんでいる漂流物など、
季節によって環境が異なり、それに合わせて
現れる生き物も変わってきます。
ここでは漁港の一年を10の季節に分けて、
それぞれの特徴と出会える生き物をご紹介します。

※ここで紹介しているのは主に関東近海や伊豆半島の漁港で出会った記録です。
※よくいる場所や出会える時期といったデータは、基本的に幼魚のものです。
※地域や年によって現れる生き物の種類や時期が異なる場合があります。

1〜3月

海藻〜誕生

　海の中の季節は、陸上の2カ月遅れでやってきます。陸上が
もうすぐ春を迎えるという頃、海水温は最も低くなります。
　魚が少ないと思えるこの季節ですが、冷たい水を好む"海藻"が
ぐんぐん育ち、漁港にはワカメやカジメ、ホンダワラ、アオサなどが
生い茂ります。海藻の森は幼魚たちのかっこうの隠れ家。体の色を
似せた魚たちや、絡みついて生活する魚たちが元気に育ちます。
　3月になると海水温が徐々に上がり始め、プランクトンが
大繁殖します。エサが豊富なこの時期に合わせて、さまざまな
稚魚たちが"誕生"し、海面をにぎわせるのです。

①イダテンカジカ

全長1.5cmほどの稚魚。海藻に身を
隠すため、体は黄緑色に透けている。

漁港で成長する者と、幼魚を捕食する者

カジカの仲間
①イダテンカジカ・②アナハゼ
（①②スズキ目カジカ科）

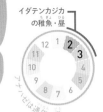

イダテンカジカの稚魚・昼

アナハゼは通年・昼

生態メモ

寒い季節、イダテンカジカは稚魚が、アナハゼは成魚が漁港に多く現れます。イダテンカジカはプランクトンを食べて成長し、アナハゼは通りかかる魚を大きな口で飲み込む"小魚ハンター"です。

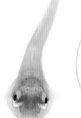

イダテンカジカの稚魚。正面から。

実際はこのくらい

約1.5cm
（イダテンカジカの稚魚）

①

2月

3月

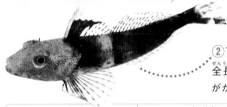

②アナハゼ
全長約10cm。茶色で無地のものから緑がかったまだら模様のものまでさまざま。

よくいる場所	▶	①海面 ②係留ロープ沿い	動き	▶	①常に泳ぎ続けている ②貼り付いて動かない	カリブの採集場所	▶	①三浦・房総半島の漁港 ②房総半島・西伊豆の漁港

見つけ方＆すくい方

海藻が生えている漁港の角の海面を、流れに逆らって数匹の群れで泳いでいます。おなかが膨らんでいて、黄緑色のオタマジャクシのような姿に見えます。小さくても速く泳げるため、網でゆっくり追いかけるよりも、上から素早くすくい上げると採集しやすいです。

①風がある日、アオサなどの

②環境に合わせて色や模様を変える"擬態"がうまく、見つけるには慣れが必要です。岸壁に貼り付いているときよりも、係留ロープ沿いに寄り添っている姿を探すほうが見つかりやすいでしょう。気付かれないようにそっと下から網を近づけて、ロープごと持ち上げるようにしてすくいます。

カリブの一言
1匹でも愛らしいけれど、何匹か並ぶとかわいさ倍増♡ 周囲の海藻と色を比べてみよう。

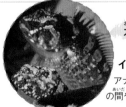

大きくなったらこうなるよ
イダテンカジカ
アナハゼよりも丸顔。海藻の間や岩陰に移動する。

43

海藻に絡みつく
トビイトギンポ
（スズキ目タウエガジ科）

昼&夜
12 1 2 3 4 5 6 7 8 9 10 11

2月

3月

生態メモ

海藻に体を巻き付けて "擬態" します。口がとても大きく開き、正面から見るとひし形に。縄張り争いのときにはお互いに目一杯口を開けてにらみ合い、その大きさで競います。

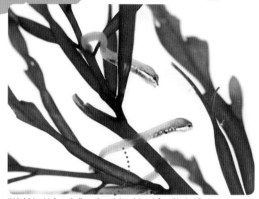

全長約3cmの稚魚。目の下を通る白い筋模様がオシャレ。

最大10cmほどになる。赤みがかった個体や模様のある個体も。

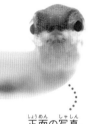

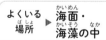

正面の写真。

よくいる場所	動き	カリブの採集場所
▶ 海面・海藻の中	▶ 常に泳ぎ続けている 巻き付いて動かない	▶ 三浦半島の漁港

見つけ方&すくい方

全長3cmくらいまでの小さな子は、よく海面すれすれをニョロニョロと泳いでいます。あまり素早くないので簡単にすくえますが、体がとても細いので、目の細かい網を使わないと抜けて逃げてしまうことも。

大きめの子になると海藻や流れ藻の茎部分に巻き付いていることが多く、体の色も黄土色っぽくて似ているため目立たなくなります。一見何もいないように見えても、流れ藻ごとすくって網の中で振ってみると落ちてくることがあります。

カリブの一言
観察していると、ときどきお互いに絡み合うかわいい姿が見られるよ！

44

昆虫のような羽と脚を持つ
ホウボウ
（スズキ目ホウボウ科）

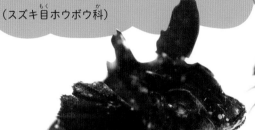

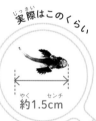

夜は枝から先にかけて | 昼

12 1 2 3 4 5 6 7 8 9 10 11

2月
3月

漁港の海面に多く現れるのは全長1.5cmほどの稚魚。まだ浮遊生活をしている。

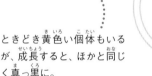

ときどき黄色い個体もいるが、成長すると、ほかと同じく真っ黒に。

生態メモ

大きな羽と左右3対の脚を持つ不思議な魚。どちらも胸びれが進化したもの。この脚の先には味が分かる「味らい」という器官があり、砂地を歩きながらエサを探すことができるハイテク構造。

実際はこのくらい

約1.5cm

よくいる場所 ▶ 海面	動き ▶ 常に泳ぎ続けている	カリブの採集場所 ▶ 三浦・房総半島・西伊豆の漁港

見つけ方＆すくい方

水深20cm付近を泳いでいることが多いため、波紋を目印にして探すことができません。また、体が黒いので曇りの日など海が黒っぽく見えるときには難易度が上がります。コツは、海面に落ちて暴れる羽虫のようなものを探すこと。

1匹見つけると近くに何匹かいる可能性もあるので、よく探してみましょう。泳ぎはゆっくりなので、見つけられさえすれば簡単にすくえます。岸壁から3〜4メートルほど離れた絶妙な位置を泳いでいることが多いので、長めの網があると便利です。

カリブの一言
浮遊生活期と着底後とで羽や脚の形がどう変わるか注目。体の構造の変化が面白いよ！

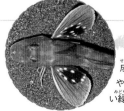

大きくなったらこうなるよ
成長すると体は鮮やかな赤、羽は美しい緑色に。

45

"縦ジマ"と"斜めジマ"のシマ模様仲間
①カゴカキダイ・②タカノハダイ
（スズキ目①カゴカキダイ科・②タカノハダイ科）

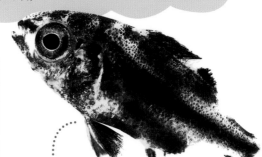

生態メモ

シマ模様を身にまとう魚は漁港でも多く見られます。一見目立ちそうですが、実はこれ、体の輪郭を分かりにくくしているのだそうです。さらに目を隠す効果もあるので、環境に溶け込んで身を守るための模様なのですね。

①カゴカキダイ
全長約1.5cmの稚魚。まだ透き通っていて、シマ模様もハッキリしていない。

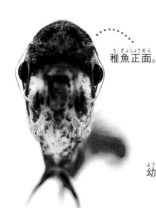

稚魚正面。

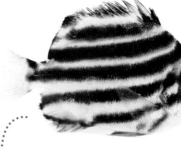

幼魚期。全長2cmほどで黄色くなり、5cmくらいから体高が増す。

実際はこのくらい

約1.5cm
（カゴカキダイの稚魚）

カリブの一言
魚のシマ模様は頭を上にして見るから、カゴカキダイは"縦ジマ"だよ！

46

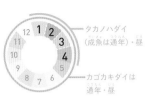

12 1 2 3
11 4
10 5
8 7 6

タカノハダイ
（成魚は通年）・昼

カゴカキダイは
通年・昼

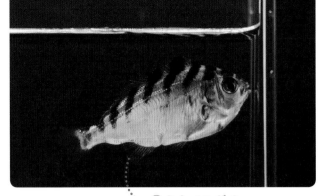

②タカノハダイ
全長約5cm。銀色で丸みを帯びた体形
で海面付近を泳ぎ回る遊泳期の稚魚。

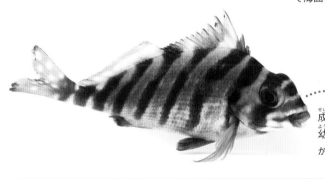

成長したタカノハダイの
幼魚。着底して色と体形
が変わる。

よくいる 場所	① 海面・岸壁沿い	動き▶	① 常に泳ぎ続けている
	② 海面・係留ロープ・岸壁沿い		② 常に泳ぎ続けている・貼り付いて動かない

カリブの 採集場所	① 三浦・房総半島・西伊豆の漁港
	② 西伊豆の漁港

 見つけ方&すくい方　①稚魚は海面付近をゆっくりスイ〜っと泳いでいます。黒っぽく見えるので風に流されるゴミのように見えますが、小さな背びれをピンと立てていることが多いので、形をよく見てみましょう。黄色い幼魚は岸壁付近で群れを作っています。

②稚魚は上から見ると青みがかった銀色に、背中だけ斜めジマが見えます。幼魚は岸壁の岩や貝の間をよく探すと潜んでいます。動きが素早いので、係留ロープなどに寄り添っているタイミングを狙って2本の網で左右から挟むようにすくいましょう。

ひれの毒針にご用心！毒

① ハオコゼ・② ゴンズイ

（①スズキ目ハオコゼ科・②ナマズ目ゴンズイ科）

生態メモ

知らずに触ると刺されてしまう、毒針（毒棘）を持つ魚は漁港にもよく現れます。特にゴンズイの毒はとても強く、手がグローブのように腫れてしまうので決して触らないように！

① ハオコゼ

全長約5cm。背びれを立てた姿がリーゼントのようでカッコイイ。ここに毒棘がある。

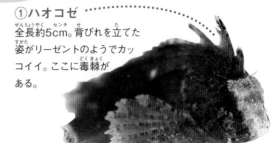

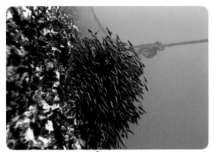

② ゴンズイ

幼魚は密度の高い群れを作り、「ゴンズイ玉」と呼ばれる。1つの大きな生き物のような動きが幻想的。

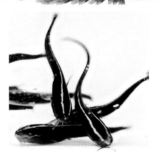

全長約2cmの幼魚。背びれと胸びれの付け根に1本ずつ、合計3本の毒棘がある。

よくいる場所 ▶	動き ▶	カリブの採集場所
①海藻の中・岸壁沿い ②岸壁沿い	①貼り付いて動かない ②常に泳ぎ続けている	①②三浦・房総半島・西伊豆の漁港

見つけ方&すくい方

①岸壁を注意深くのぞいてみましょう。一見何もいないように見えても、壁面のくぼみや貝の間に彼らは潜んでいます。岩に見事に溶け込むまだらな配色。じっと動かないので見つけにくいですが、背びれのギザギザを探すと姿が見えてきます。昼にも現れますが、夜はほぼ確実に出会えると思います。

②岸壁沿いで直径20～50cmくらいの黒い塊がうごめいていたら、それはゴンズイ玉かもしれません。網1本で簡単にすくえますが、見た目以上にたくさん入ってくるので、玉ごとすくうことは避けましょう。成魚は夜に単体で泳いでいます。

 カリブの一言
よく見るとカッコよくてかわいい魚たち。触らないように注意して観察しよう。

48

最も身近な漁港の住人
①メジナ
②ボラの仲間
（①スズキ目メジナ科・②ボラ目ボラ科）

生態メモ

真冬の漁港の海面に現れる稚魚の群れは、大半がこの2種であるといっても過言ではありません。どちらも成長すると大型になりますが、一生を浅瀬で暮らします。漁港の中で成魚と幼魚に同時期に出会えるのも特徴。メジナは岩場を力強く泳ぎ、「グレ」の愛称で磯釣りのターゲットに。ボラは全長50cm以上にもなり、卵巣はカラスミとして使われます。

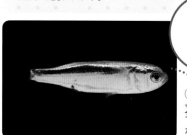

正面。

①メジナ
全長約1.5cmの稚魚。ときには100匹くらいまとまって浮かんでいることも。

全長約4cmのメジナの幼魚。海面ではなく岸壁沿いに多く現れる。

②ボラの仲間
全長約3cm。背中が平たく、正面から見ると逆三角形をしている。

よくいる場所 ▶	①②海面	動き ▶	①②常に泳ぎ続けている	カリブの採集場所 ▶	①②三浦・房総半島・西伊豆の漁港

見つけ方&すくい方

何もない海面、漂流物の影、岸壁沿い……いかなる場所にも群れで現れます。黒い魚のイメージですが、稚魚はまだ色素が薄く、上から見ると緑色っぽく見えます。2cmくらいに育つと素早く泳ぐので、網を2本使うことをオススメします。

②銀色に輝く体で、「し」や「つ」のようなポーズで浮かんでいる魚を探してみましょう。ボラの幼魚は尾びれを曲げていることが多く、光を反射して目立つせいか、海面上を転がる水玉のようにも見えます。追いかけると素早く逃げるので、海面を一瞬ですくいましょう。

カリブの一言
どこにでもいるからといって侮ることなかれ。かわいい表情に注目！

49

成長したら小魚を飲み込むハンターに！
カサゴの仲間
①ムラソイ・②メバル
③カサゴ
（①②③スズキ目メバル科）

①

②

③

①

1月

2月

3月

生態メモ

成長すると岩陰などに潜んで小魚が通るのを待ち伏せし、大きな口で飲み込むハンターたちですが、小さい頃は浮遊生活。漁港ではよく現れる場所が海面、中層、岩壁沿いとそれぞれ異なります。

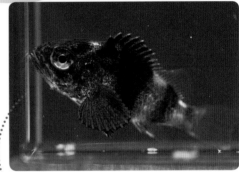

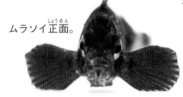
ムラソイ正面。

①ムラソイ
全長約1.8cmの稚魚。赤いうちわのように広げた胸びれで浮遊する。

全長約5cmのメバルの幼魚。

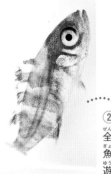

②メバル
全長約2.5cmの稚魚。斜め上向きに浮遊している。

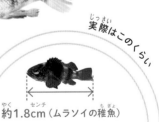
実際はこのくらい

約1.8cm（ムラソイの稚魚）

約2.5cm（メバルの稚魚）

50

ムラソイ浮遊期の
稚魚・夜

カサゴは通年（特に夜）

```
  12  1  2
11        3
10        4
 9        5
  8  7  6
```

```
  12  1  2
11        3
10        4
 9        5
  8  7  6
```

メバルは3月頃から
稚魚が現れ始める・昼＆夜

③カサゴ
全長約9cmの幼魚。

②
3月
4月
5月
6月
7月
8月
9月
10月
11月

よくいる 場所 ▶	動き ▶	カリブの 採集場所
①海面すれすれ ②中層 ③岸壁沿い	①常に泳ぎ続けている ②ホバリングしている ③貼り付いて動かない	①②③ 三浦・房総半島 西伊豆の漁港

 見つけ方＆すくい方

① 風のある日に、漁港の角のあたりを見ていると、海面に現れます。一見ホウボウ（→45ページ）の稚魚のように見えますが、胸びれが赤いことで見分けられます。大きな胸びれをモフッモフッと羽ばたかせる独特の動きを探してみましょう。

② 多くの幼魚が海面や岸壁沿いにいる中、メバルは中層にいるので目立ちます。斜め上を向いて、ひれをかすかに動かしてピタッと停止しているので簡単にすくえそうですが、網を近づけると俊足で逃げるので、流れ藻などに隠れているところをすくうなど工夫してみましょう。

③ 周りの岩とそっくりな模様で身を潜めているので、ハオコゼ（→48ージ）と同じく背中のトゲトゲを探してみましょう。夜も起きていて気付かれると素早く逃げるので、網1本を下すれすれのところに構えて、もう1本で上からつつくと、うまく網に入ってくれます。

 カリブの一言
近い仲間でも生活スタイルが異なっているところに注目してみよう！

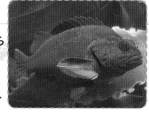

大きくなったら
こうなるよ

ムラソイ

51

波間に紛れるキラキラボディー
① タカベ
② トウゴロウイワシ
（①スズキ目タカベ科・②トウゴロウイワシ目トウゴロウイワシ科）

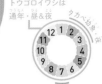

トウゴロウイワシは
通年・昼&夜

タカベ幼魚・夜

タカベ成魚・昼

生態メモ

海面を泳ぎ回る魚たちには、背中が濃い色でおなかが銀色のものが多くいます。アジやイワシ、サバなどもそう。これは、上から狙う海鳥と、下から狙う大きな魚の両方の目を欺く、波間に溶け込むことができる配色なのです。

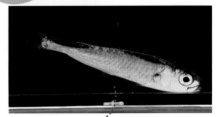

① タカベ
全長約5cmの幼魚。中央に青みがかった筋があるのが特徴。

② トウゴロウイワシ
全長約13cmの成魚。

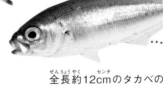

全長約12cmのタカベの若魚。背中に鮮やかな黄色の模様が出る。

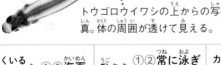

トウゴロウイワシの上からの写真。体の周囲が透けて見える。

よくいる場所 ▶	動き ▶	カリブの採集場所 ▶
①②海面	①②常に泳ぎ続けている	①②三浦・房総半島・西伊豆の漁港

 見つけ方&すくい方

①夜の漁港でボラ（→49ページ）に混じって海面に現れます。ボラよりも少しずんぐりしていて、尾びれを曲げずに素早く泳ぎ回っていることで見分けられます。網で追いかけると逃げられてしまうので、上から一気にすくうようにしましょう。

②細長い幼魚からがっしりとした成魚まで、一年を通して、昼夜漁港に多く現れます。上から見ると体の縁が透き通って見えて、とても美しい魚。昼間は素早いですが、夜は動きがゆっくりになるので簡単にすくえます。ただ、体がデリケートで弱りやすいので、観察したら早めに逃がしてあげましょう。

 カリブの一言
漁港で見るタカベの成魚は、背中が青と黄色に輝いてとっても美しいよ！

52

やみ夜に輝く目

①イソスジエビ
②サラサエビ

（十脚目①テナガエビ科・②サラサエビ科）

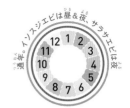

通年。イソスジエビは昼&夜、サラサエビは夜

生態メモ

透き通った体に細かいシマ模様が美しい小型のエビ。岸壁沿いに、流れ藻の中に、岩の隙間に……漁港のあらゆる場所に姿を現します。魚の死骸などに群がり、"漁港の掃除屋"としての役割も果たしています。

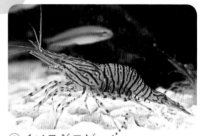

①イソスジエビ……
体長約5cm。おなかに卵を抱えている個体。スジが赤っぽいものもいる。

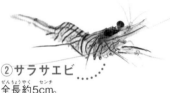

②サラサエビ……
全長約5cm。

サラサエビ上からの写真。全長約3cm。

よくいる場所 ▶	①岸壁・係留ロープ沿い・海藻の中・海面	②岸壁沿い・岩の隙間
動き ▶	①貼り付いて動かない・常に泳ぎ続けている	②貼り付いて動かない
カリブの採集場所 ▶	①②三浦・房総半島・西伊豆の漁港	

見つけ方&すくい方

①探そうとしなくても、あちこちで目にする漁港の定番種。岸壁沿いに姿が見えないときは、海藻や流れ藻など、隠れ家になりそうなものをすくって網を揺すってみましょう。垂れ下がった係留ロープの端にもよく付いています。

②イソスジエビと違い、昼間はほとんど見ることがありません。夜、懐中電灯で岸壁沿いを照らすと、イソスジエビよりも目が大きいのでキラリと光を反射して見つけることができます。ただ、ずっと照らしていると近くの隙間に隠れてしまうので、見つけたら素早くすくうことがコツ。網の平らな辺を壁沿いにそっとスライドさせて、下からすくい上げるようにすると網に入ります。

カリブの一言
シマ模様の色の違いだけでなく、動きの違いも観察してみよう！

1月
2月
3月
4月
5月
6月
7月
8月
9月
10月
11月
12月

53

4月(がつ)
ハゼ

　日(ひ)によってさまざまな幼魚(ようぎょ)たちが漁港(ぎょこう)に出入(でい)りし、バラエティに富(と)んだ出会(であ)いが魅力(みりょく)の岸壁採集(がんぺきさいしゅう)。そんな漁港(ぎょこう)ですが、この季節(きせつ)だけは、とりわけある仲間(なかま)が目(め)につきます。それは"ハゼ"の仲間(なかま)。

　中層(ちゅうそう)を優雅(ゆうが)に舞(ま)う「遊泳性(ゆうえいせい)のハゼ」と、岩(いわ)の上(うえ)や砂地(すなち)、壁面(へきめん)などに貼(は)り付(つ)いて生活(せいかつ)する「底生性(ていせいせい)のハゼ」の2種類(しゅるい)がいて、4月(がつ)はその両方(りょうほう)にたくさん出会(であ)えます。遊泳性(ゆうえいせい)のハゼは群(む)れでいることが多(おお)く、底生性(ていせいせい)のハゼは環境(かんきょう)に擬態(ぎたい)しています。同(おな)じ仲間(なかま)でもこうした異(こと)なる生活(せいかつ)スタイルを観察(かんさつ)できることが、この季節(きせつ)の醍醐味(だいごみ)です。

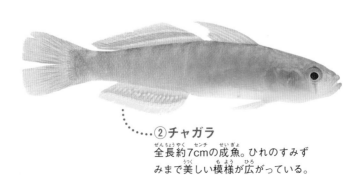

②チャガラ
全長約(ぜんちょうやく)7cmの成魚(せいぎょ)。ひれのすみずみまで美(うつく)しい模様(もよう)が広(ひろ)がっている。

54

"遊泳性"ハゼ その1

①キヌバリ
②チャガラ

（①②スズキ目ハゼ科）

通年・昼。
キヌバリは3〜4月から
チャガラは4〜5月から
増え始める

① キヌバリ
全長約4.5cmの幼魚。
まだ透き通っている。

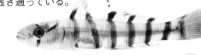

生態メモ

ハゼの仲間には1年で寿命を迎えるものも多く、その分、漁港で成長の様子を観察することができます。春には透き通った幼魚が群れ、季節が進むと色が濃くなり立派な体形で単独遊泳します。

全長約9cmの
キヌバリの成魚。

全長約4cmの
チャガラの幼魚。

よくいる場所	▶	中層。幼魚は海藻の間	動き	▶	ホバリングしている	カリブの採集場所	▶	三浦・房総半島西伊豆の漁港

 見つけ方＆すくい方

①春、大きめの海藻が生い茂る漁港に幼魚が群れで現れます。上から見ると、うっすらと肌色がかった透明の体に黒いシマ模様が淡く浮き出ているので、この時期に現れるほかのハゼとは簡単に見分けられるでしょう。小さくても群れていると素早いので、海藻の間に隠れているところをすくう

ようにしましょう。

②キヌバリよりも1カ月ほど遅れて現れます。赤みの強いオレンジ色の体は日光に照らされると鮮やかに輝き、中層でもよく目立ちます。キヌバリよりも素早く、あまり海藻に隠れないので、網2本で挟むようにしても、簡単には採集できません。

 カリブの一言
日本海側のキヌバリのシマは7本で、太平洋側では6本。最近の研究では別種だとされ、後者は「ダイミョウハゼ」と名付けられたよ。

55

"遊泳性" ハゼ その2
①サツキハゼ
②ミミズハゼの仲間
（スズキ目①クロユリハゼ科・②ハゼ科）

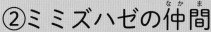

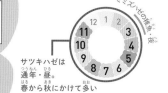

サツキハゼは
通年・昼。
春から秋にかけて多い

②

3月

生態メモ

どちらも河口付近を好む小型のハゼで、成長しても5〜6cmほどにしかなりません。こうした汽水（海水と淡水が混ざっている水）に棲むハゼはとても生命力が強く、観察や飼育がしやすい魚です。

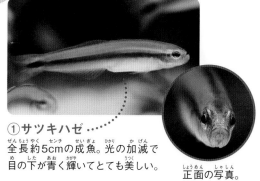

①サツキハゼ
全長約5cmの成魚。光の加減で目の下が青く輝いてとても美しい。

正面の写真。

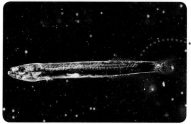

②ミミズハゼの仲間
全長約2cmの稚魚。透き通っていて、ところどころに特徴的な黒い模様がある。

実際はこのくらい

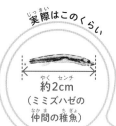

約2cm
（ミミズハゼの仲間の稚魚）

よくいる場所 ▶	①中層　②海面	動き ▶	①ホバリングしている　②止まって浮かんでいる

カリブの採集場所 ▶	①三浦・房総半島・西伊豆の漁港　②房総半島・西伊豆の漁港

見つけ方＆すくい方

①多くの漁港で一年を通して見られますが、特に春から秋にかけて、河口に近い漁港の角に100匹を超える大群で現れます。普段はゆっくり泳いでいますが、網を近づけると群れ全体が素早く深いほうへ逃げていきます。角の地形を生かして逃げ場をふさいで、網2本で斜め下から追い込むようにして採集しましょう。

②夜、海面にポツンと1匹で浮かんでいます。ひれを動かさずピタッと止まっていて、ときどきツンと少し前に進む、という独特の動き。網1本で簡単にすくえます。

カリブの一言
同じ "群れ" でも、イワシなどの回遊魚とは動きが異なるから注目してみよう！

"遊泳性"ハゼ その3
①ハナハゼ
②イトマンクロユリハゼ
（①②スズキ目クロユリハゼ科）

8〜10月が最も多い・昼

生態メモ

繊細な美しさをもつ彼らは、光の加減でさまざまな色に見えます。まばゆい日光が当たると白っぽく見え、少し日が陰ると青に輝き、水槽で横から観察すると黄緑色やピンク色にも見えてきます。

①ハナハゼ

全長約12cmの成魚。尾びれは糸状に長く伸びる。

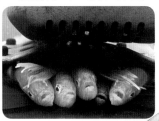

口が上を向いていて、正面の顔はちょっと怖い？（ハナハゼ）

②イトマンクロユリハゼ
全長約8cm。尾びれは黄色く、ハナハゼのように糸状には伸びない。

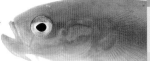

CDのように美しい目。（ハナハゼ）

よくいる場所 ▶ 少し深めの中層	動き ▶ ホバリングしている	カリブの採集場所 ▶ 西伊豆の漁港

見つけ方&すくい方 流れのおだやかな漁港に群れで現れ、時期によって、群れがバラバラになったりペアになったりする様子を観察できます。のんびり優雅に泳いでいるように見えますが、警戒心がとても強く、網を入れるとすぐに海底の穴に逃げ込んでしまいます。

カリブの一言
優しい青色の体に天女の羽衣のようなひれ。ハナハゼは究極のヒーリングフィッシュだよ！

ここで登場するのが釣り。なるべく仕掛けが見えないよう、極小のタナゴ針に米粒大にちぎったオキアミを付け、オモリは使わずにゆっくりと落とします。中層で軽く上下に揺すると、遠くから一直線に近づいてくるので、しっかりエサを飲むまで根気よく待ちましょう。昼から夕方の、ある時間帯しか食い付かないので、反応がなければ時間をずらしてチャレンジしてみてください。ハナハゼの群れにときどきイトマンクロユリハゼが混じっています。

4月
5月
6月
7月
8月
9月
10月

57

"底生性"ハゼ その1
①ドロメ・②ホシハゼ
（①②スズキ目ハゼ科）

①

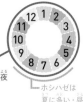
②

ドロメは通年・昼＆夜
（幼魚は3月頃から）

ホシハゼは
夏に多い・昼

生態メモ

頭が平べったいドロメと、ずんぐりと体高が高いホシハゼ。この体形の違いは、身を隠す場所に合わせたものです。ドロメは海底の石の下などに潜り込み、ホシハゼは岩陰に身を寄せます。

①ドロメ
全長約1.7cmの稚魚。体は透けていて、まだシマ模様がない。

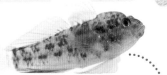

全長約3.5cmのドロメの幼魚。落ち着くとシマ模様が出る。

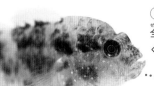

②ホシハゼ
全長約5cm。ハゼと思えないずんぐり体形に、水色の斑点が輝く。

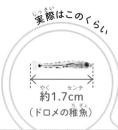

実際はこのくらい

約1.7cm
（ドロメの稚魚）

②

6月

7月

8月

よくいる場所 ▶	①海面・岸壁沿い・海底 ②海底	動き ▶	①ゆっくり泳いでいる・貼り付いている ②貼り付いて動かない

カリブの採集場所 ▶	三浦・房総半島・西伊豆の漁港

見つけ方＆すくい方

①一年を通して、どんな漁港でもたいてい出会える魚。春には2cmほどの幼魚が海面付近に群れで現れます。透き通っていて薄く、黒のシマ模様が入る姿はキヌバリ（→55ページ）の幼魚に似ていますが、色の違いで見分けられます。成魚になると岸壁沿いに貼り付きます。地味な色なので目立ちませんが、あまり逃げないため採集は簡単です。

②彼らはなかなか海面近くに上がってきません。底が見える浅い漁港で大きめの岩の上を注意深く見てみると、動かずじっと乗っているのを見つけられるでしょう。上から見ると色の薄い部分や斑点模様は見えず、細長い黒のだ円形に見えます。

カリブの一言
色が地味でどこにでもいるけれど、つぶらな瞳だったり斑点模様がキレイだったりするよ。よく観察してみよう！

58

"底生性"ハゼ その2
①クモハゼ
②スジハゼ

（①②スズキ目ハゼ科）

 ① ②

4〜10月に多い・昼

生態メモ

これぞハゼ！という筒状の体形。底生生活をおくるハゼの多くは、腹びれが吸盤のような丸い形に発達しており、これを使って岩の上や岸壁沿いに貼り付くことができます。

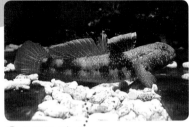

①クモハゼ
全長約8cmのオス。雲状の模様に水色の斑点が美しい。

②スジハゼ
全長約4.5cmの幼魚。体側に数本の細い縦ジマと、青い斑点模様がある。

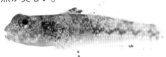

全長約4.5cmのクモハゼのメス。オスよりも色が薄い。

よくいる場所 ▶	①海底 ②岸壁沿い・海底	動き ▶	貼り付いて動かない	カリブの採集場所	三浦・房総半島 西伊豆の漁港

 見つけ方＆すくい方

①ホシハゼ（→58ページ）と同じく、海底の岩の上を探すと見つかります。岩の隙間にもいますが、その場合は奥へ入り込んでしまうので網ですくうのは難しくなります。クモハゼに出会うなら、漁港よりも潮だまりを探すほうが確実です。転がっている大きめの石をどけると、その下に隠れていることが多く、勢いよく飛び出してきます。

②上から見ると模様は見えづらいですが、細長い体形をしているのでホシハゼやクモハゼと見分けることができます。彼らは岸壁沿いにも貼り付いていることがありますが、瞬間的な逃げ足は速いので、網の平らな面を岸壁沿いに当てて下から一気にすくい上げましょう。

 カリブの一言
どうやって壁面に貼り付いているのか、透明なケースに入れておなか側を観察してみよう！

4月
5月
6月
7月
8月
9月
10月

59

5〜6月

移動

晩春の漁港には、意外な出会いがあふれています。季節が春から夏に変わるこの時期の漁港は、冬に浅瀬で暮らしていた魚たちが深場へ移動し、夏の魚たちがやってくる交差点のよう。磯の魚も、海底の魚も、海藻に隠れる幼魚も、南方の魚も、深場の生き物も……何が現れるか分からない、予想のつかない出会いが魅力です。上旬と下旬、昼と夜など、海の環境の変化と、それに合わせたさまざまな生き物の"移動"を観察できる季節です。

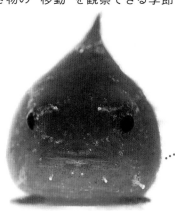

正面からの写真。全長約2.5cm。このサイズで成魚。

60

初夏にも出会える、冬の海のアイドル
ダンゴウオ
（スズキ目ダンゴウオ科）

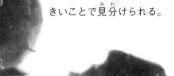

磯・夜
12 1
11 2
10 3
4
9 5
8 7 6
漁港・夜

メス。オスは背びれが大きいことで見分けられる。

生態メモ

ぷっくりとした体に愛らしい表情で、ダイバーにも大人気の魚。腹びれが吸盤のように進化しており、岩や海藻にくっついて流されないようにしています。赤や緑、薄紫など、環境に合わせて色のバリエーションが豊かなのもチャームポイント。

二匹並んで。

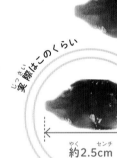

下からの写真。吸盤のような腹びれを持つ。

実際はこのくらい

約2.5cm

5月

6月

7月

よくいる 場所 ▶ 海面	動き ▶ 常に泳ぎ続けている	カリブの 採集場所 ▶ 三浦・房総半島の漁港

 見つけ方&すくい方　一般にダンゴウオに出会うためには、真冬の夜に磯に入って行き、凍えながら中腰で懐中電灯を使って探すという苦行のような採集をすることになります。しかし、春の終わりから初夏にかけては彼らも漁港に姿を現すのです。

冷たい水が好きなダンゴウオは、夏が近づくにつれて深場へと移動するようで、その途中で漁港に立ち寄るのだと思われます。夜の海面をスイ〜っと移動するツヤツヤしたボールのようなものを探してみましょう。泳ぎは速くないので、網1本で簡単にすくうことができます。

 カリブの一言
吸盤でペタッとくっついて、体を左右にユラユラ揺らす姿がとってもかわいいよ！　海藻のまねをしているんだって。

61

こう見えて立派な魚類です
①タツノオトシゴ
②タカクラタツ
（①②トゲウオ目ヨウジウオ科）

①

②

昼&夜（稚魚は5月）

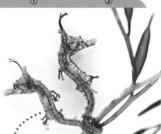

生態メモ

尾で海藻に巻き付いて立っている姿から、「魚だと思えない」という声をよく聞きますが、れっきとした魚類です。オスのおなかに袋（育児嚢）があり、メスがそこへ卵を産みつけて、ふ化するまでお父さんが守るという海のイクメン。

①タツノオトシゴ
流れ藻に巻き付いている、全長 約4cmの幼魚。頭のてっぺんにトサカのようなものが生えているのがタツノオトシゴの特徴。

ふ化したばかりのタツノオトシゴの稚魚。全長約1.8cm。

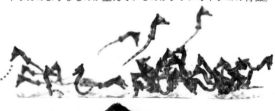

よくいる場所 ▶	少し深いところの海藻	動き ▶ 巻き付いて動かない
カリブの採集場所	三浦・房総半島・西伊豆の漁港	

②タカクラタツ
全長約12cm。トサカは小さく、エラのあたりにカギ状の突起があるのが特徴。

見つけ方&すくい方
多くの魚と違い、彼らの姿を海上から見つけるのは至難のわざです。海藻の茎に巻き付いて擬態しているので、たまたま網に入ったという出会い方がほとんど。流れ藻に付いていたり、まれに海面を漂っていたりすることもありますが、少し深いところに生えている海藻を探すと、より出会える可能性が高まります。
岸壁沿いをのぞいて、水深1.5メートルより深いところの、赤茶色っぽい茎のしっかりした海藻を見つけたら、そっと網をかぶせて、海藻がちぎれないようゆっくりと引き上げてみましょう。驚いて海藻を離れたタツノオトシゴが網に入ってくれます。

カリブの一言
彼らの顔を正面から見ると、眉毛が生えているような愉快な表情をしているよ！

タカクラタツの正面からの写真。

5月
6月
7月
8月
9月
10月
11月

62

浅瀬から深場へ
①サギフエ・②オキエソ
（①トゲウオ目サギフエ科・②ヒメ目エソ科）

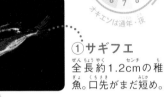
サギフエの稚魚・夜
幼魚・昼＆夜

12 1 2 3 4 5 6 7 8 9 10 11

オキエソは通年・夜

生態メモ

深海魚のイメージがあるサギフエも、幼魚の頃はエサのプランクトンが豊富な浅瀬で暮らしています。その移動に伴って、体の色も海面のきらめきに紛れる銀から深場で目立ちにくい赤へと変化します。一方オキエソは遊泳生活から底生生活へとスタイルチェンジ。透明な稚魚が海底に降りると、砂に同化しやすい灰色がかった姿に変身します。

①サギフエ
全長 約1.2cmの稚魚。口先がまだ短め。

サギフエの幼魚。全長 約5cm。

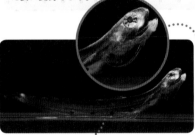

血流が見えるほどの透明度。

②オキエソ
全長 約5cm。透明な体に黒い斑点が並んでいる。

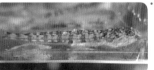

成長途中のオキエソ。着底すると模様が出始める。

カリブの一言
生活スタイルの変化に合わせて見た目も変わっていくよ。透明だからこそ見られるオキエソ稚魚の血流は必見！

よくいる場所 ▶ 海面	動き ▶ 常に泳ぎ続けている
カリブの採集場所 ▶ 房総半島・西伊豆の漁港	

👀 見つけ方＆すくい方

①サギフエは、上から見ると気付きにくい魚。背中側が黒っぽいので、ツンツン動く黒い棒のように見えます。泳ぎは速くないので、見つけられるかどうか次第です。　②夜、街灯が海面を照らしている明るめの漁港をのぞくと海面にたくさん現れます。体は白みがかった透明で、ストローのように太さが均等な筒状に見えます。オキエソは体をあまり大きくくねらせずに泳ぎます。止まることなくビュンビュン泳ぎ回りますが、まっすぐ泳ぐので、行動を読んで先回りするとすくえます。

大きくなったらこうなるよ
サギフエ

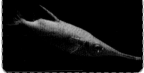

夜行性の個性豊かな生き物たち

①テヅルモヅルの仲間
②メリベウミウシの仲間
③コツブムシの仲間

（①ツルクモヒトデ目・②裸鰓目・③等脚目）

②

2月
3月
4月
5月

生態メモ

昼間は岩影や深場に身を潜めていて、夜になると姿を現し活発にエサを食べる夜行性の生き物たちは、とても個性豊か。

深海から上がって来て、モジャモジャの腕を広げてプランクトンを絡めとるクモヒトデの仲間、テヅルモヅル。巾着のような大きな口をいっぱいに広げて、投網のように獲物を捕らえるメリベウミウシ。ダンゴムシのように丸まることも、高速で泳ぐこともできるコツブムシ。

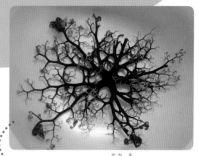

①テヅルモヅルの仲間
まだあまりモジャモジャしていない赤ちゃん。

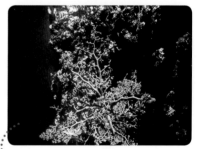

テヅルモヅルは、岸壁沿いに貼り付いているときはこのような姿。

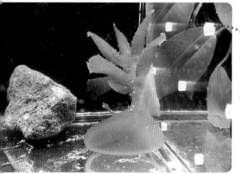
（下田海中水族館にて撮影）

②メリベウミウシの仲間
全長約10cm。袋状の大きな口をおおいかぶせるようにして小エビなどを捕らえます。

カリブの一言
あまり動かずにどうやってエサを捕るか。独自の進化を遂げたユニークな姿に感動！

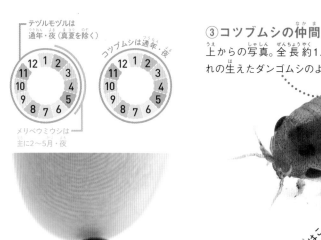

テヅルモヅルは
通年・夜（真夏を除く）

コツブムシは通年・夜

メリベウミウシは
主に2〜5月・夜

12 1 2 3 4 5 6 7 8 9 10 11

12 1 2 3 4 5 6 7 8 9 10 11

③コツブムシの仲間

上からの写真。全長約1.5cm。尾びれの生えたダンゴムシのような姿。

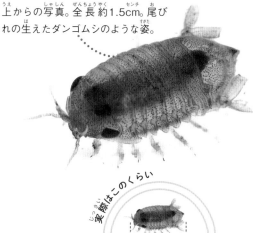

実際はこのくらい

約1.5cm
（コツブムシ）

コツブムシの仲間は、指でつつくと丸まる。

よくいる場所 ▶	①②岸壁沿い ③海藻の中・海面	動き ▶	①貼り付いて動かない ②貼り付いてゆっくり動く ③海藻に隠れている・常に泳ぎ続けている

カリブの採集場所 ▶	①西伊豆の漁港　②房総半島・西伊豆の漁港 ③三浦・房総半島・西伊豆の漁港

🔭 見つけ方&すくい方

①岸壁沿いに貼り付いて腕を広げている彼らは、ほとんど動かないので完全に植物に見えます。茎が茶色で枝先がオレンジ色の海藻のようなものを見かけたら、先端をじっくり観察してみましょう。山菜のゼンマイのようにくるんと巻いていたら、それはきっとテヅルモヅルです。腕が傷つきやすいので、もし網ですくう場合は、細心の注意が必要です。

②海藻によく似た茶色いヒラヒラを背中に並べ、ユラユラ揺れる姿は目立ちにくいですが、夜のメリベ

ウミウシは常にエサを食べようと投網を繰り返しているので、動きですぐに見つけられます。逃げることはないので網で簡単にすくえますが、背中の突起が取れやすいのでなるべく水から上げないように気を付けましょう。

③隠れているコツブムシは上から見えないので、海藻をすくったら入っていた、という場合がほとんど。ただ、1cm未満の小さな個体はよく夜の海面を泳ぎ回っているので、高速で動く米粒のようなものを見つけたらすくって観察してみましょう。

65

海藻にピタッとくっついている
ウバウオ
（スズキ目ウバウオ科）

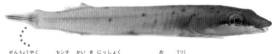

昼&夜。特に5月頃

生態メモ

ダンゴウオ（→61ページ）と同じく腹びれが吸盤状になっていて、海藻にくっついて暮らしています。潮の満ち引きの影響を強く受ける浅瀬に棲んでいるため、流されないように強い吸引力で貼り付き、海藻の表面を滑るように移動して小動物や魚卵などを食べます。

全長約3.5cm。皆既日食のような目が美しい。

上からの写真。棲んでいる環境に合わせて、色や模様にはバリエーションがある。

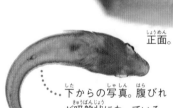

正面。

大きくなったらこうなるよ

下からの写真。腹びれが吸盤状になっている。

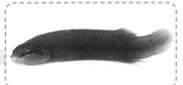

全長7cmほどになると、ずんぐりして迫力が増す。

よくいる場所 ▶	海藻の中	動き ▶	貼り付いて動かない	カリブの採集場所 ▶	三浦・房総半島・西伊豆の漁港

見つけ方&すくい方　1cmほどの稚魚でない限り、泳いでいる姿はほとんど見かけません。上から探すというより海藻をすくったらたまたま入っていた、というタイプの魚です。ただ、隠れていそうな場所に目星を付けることはできます。あまり深くない場所に生えていて、幅のある黄緑色や薄茶色の海藻を探すと出会える可能性があります。

カリブの一言
カエルのようにキョロキョロする目、チュンと突き出た口、スイ〜っと滑る動き……どれをとってもかわいい！

4月
5月
6月
7月
8月
9月
10月

66

穴からひょっこり
① イソギンポ
② コケギンポの仲間
③ ベニツケギンポ
（スズキ目①イソギンポ科・②コケギンポ科・③タウエガジ科）

通年・展。（特に4月頃から）

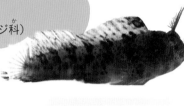

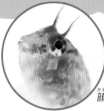
① イソギンポ
全長約5cm。まつ毛のような皮弁が長く伸びている。

顔のアップ。

全長約3.5cmのイソギンポの幼魚。ポカンとした正面の顔がかわいい。

生態メモ

漁港の壁面には、見た目以上に大小さまざまな穴が開いています。それはコンクリートの亀裂だったり、貝類の隙間だったり。こうした穴をすみかにするギンポの仲間は、ひょうきんな表情とまつ毛のような「眼上皮弁」がユニークでダイバーにも人気があります。

② コケギンポの仲間
全長約3cmの幼魚。まだ半分透き通っている。

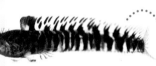

③ ベニツケギンポ
全長約6cmの幼魚。エラの上に赤い模様があるのが特徴。

よくいる場所 ▶	岸壁沿い	動き ▶	穴に隠れてあまり動かない	カリブの採集場所 ▶	三浦・房総半島・西伊豆の漁港

 見つけ方＆すくい方
穴から顔だけ出しているギンポの仲間を見つけるには、まずは目を探すこと。彼らは常に周囲を見回して、大きな魚が近づいたら素早く顔を引っ込めます。目だけは常にキョロキョロ動かしているので、見つける手掛かりになります。そんな警戒心の強い彼らを網ですくう秘けつは“根比べ”。1辺が平らな形の網を2本、身を隠している穴の近くに据えます。当然一瞬で隠れてしまうので、そこから根気よく待ち続けて……網を敵だと思わず安心して体全体が出てきたら、片方で穴をふさぎ、もう片方で追い込みましょう。

 カリブの一言
魚は表情が豊かだということがよく分かる子たち。正面の顔を観察してみてね！

67

釣りをする魚
①カエルアンコウ
②ベニカエルアンコウ

（①②アンコウ目カエルアンコウ科）

 ①
 ②

稚魚・夜
12 1 2 3 4 5 6 7 8 9 10 11
昼&夜

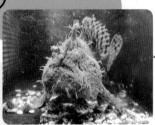

生態メモ

魚なのに釣りをする（！）、驚きの能力を持ったアンコウの仲間。彼らは泳ぎが苦手で、足のように進化したひれで海底を歩いて移動します。その、ゆっくりとした動きを補うかのように、おでこに"釣りざお"を持っています。これをヒラヒラ動かすと見事にゴカイ（エサ）のように見えて、近づいてきた魚を大きな口で丸のみに。その速さは魚類最速で、0.05秒ともいわれています。

①カエルアンコウ
全長約20cmもある巨大な個体。正面から。

全長約1cmの浮遊期のカエルアンコウの稚魚。釣りざおもまだ未発達。

ベニカエルアンコウの正面からの写真。

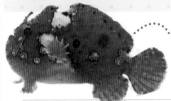

②ベニカエルアンコウ
全長約7cm。カエルアンコウと比べると釣りざおはとても小さい。

よくいる場所	▶ 岸壁沿い	動き	▶ 貼り付いて動かない	カリブの採集場所	▶ ①三浦・房総半島・西伊豆の漁港 ▶ ②房総半島の漁港

 見つけ方＆すくい方
普段は海底の砂地や岩場に棲んでいるカエルアンコウの仲間も、春から初夏にかけては漁港の壁面に姿を現します。岩に擬態してまったく動かない彼らですが、見つけるのはさほど難しくありません。まずは上から壁面を見て不自然にもっこりしている部分を探します。それだけでは大きめの貝の可能性もあるので、色の違和感で補います。

カエルアンコウの多くは黄色に輝いて見えることが多く、ベニカエルアンコウは鮮やかなオレンジ色。疑わしきはすくってみる。見つけることができれば、まず逃げられることはないので、落ち着いてゆっくり下からすくい上げましょう。

実際はこのくらい

約1cm
（カエルアンコウの稚魚）

 カリブの一言
普段は釣りざおをしまっているけれど、落ち着いた環境で観察していると釣りの様子を見られることがあるよ！

5月

6月

7月

12月

砂地から岸壁まで
①ヒラメ
②ホウライヒメジ
（①カレイ目ヒラメ科・②スズキ目ヒメジ科）

① ②

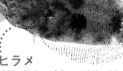

ヒラメ・昼&夜
12 1 2
11 3
10 4
9 5
8 7 6
ホウライヒメジ・昼&夜

生態メモ

砂に潜って獲物を待ち伏せするハンターヒラメ。口は大きく、鋭い刃が並んでいることがカレイとの違いです。一方、ヒメジの仲間の特徴は2本のあごひげ。この先端には味を感じる器官「味らい」があり、ひげを使って砂の中のエサを探すことができます。

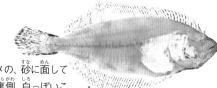

①ヒラメ
全長約8cmの幼魚の表側。体の左側に目が寄る。

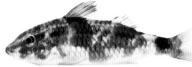

ヒラメの、砂に面している裏側。白っぽいことが分かる。

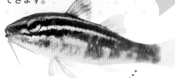

②ホウライヒメジ
全長約4.5cmの幼魚。ひげが黄色いことが特徴。

全長約12cmのホウライヒメジの若魚。普段はひげをしまっている。

よくいる場所	動き	カリブの採集場所
▶岸壁沿い	①貼り付いて動かない ②常に泳ぎ続けている	▶房総半島の漁港

 見つけ方　採集NG

①海底の砂地にいるイメージのヒラメですが、幼魚の頃は岸壁沿いの浅い場所にもよく貼り付いています。周りの色に溶け込んでいて、じっとしているときは見つけにくいですが、エサの小魚を追って時々壁面を離れるので、その瞬間を探してみましょう。

②ヒメジの仲間の幼魚は、ベラやニザダイ（→94ページ）などほかの魚の群れに混ざって一緒に泳いでいる姿をよく見かけます。群れている分、危険察知能力が高くなっていて、泳ぎも素早いので昼間はなかなかすくえません。夜になると単独でじっとしていることがあるので、近くで観察するなら、日が暮れてから探すことをオススメします。

 カリブの一言
ヒラメは漁業権で守られているから、採集せず観察するだけにしよう！

4月
5月
6月
7月
8月
9月
10月
11月

69

ぽってり唇でセクシーさアピール
アオサハギ
（フグ目カワハギ科）

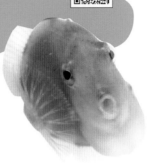

昼（特に6～7月）

生態メモ

ぷっくり体形にぽってり唇の小型の
カワハギ。水や空気を飲み込んでお
なかを少し膨らませることがあり、
カワハギの仲間がフグ目に属する魚
だということを感じさせる姿をして
います。

全長約4.5cm。友人が
"パインちゃん"と名付け
た子のセクシーショット。

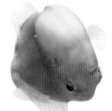

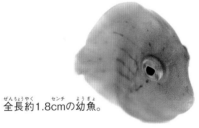

全長約1.8cmの幼魚。

実際はこのくらい

約1.8cm

よくいる場所 ▶ 岸壁沿い	動き ▶ 常に泳ぎ続けている	カリブの採集場所 ▶ 三浦・房総半島・西伊豆の漁港

見つけ方＆すくい方

カワハギの仲間は
流れ藻に付く種類
が多いですが、アオサハギは身を隠さずに堂々と、岸
壁沿いの少し深いところを泳ぎます。さっきまで何
もいなかったのに突然姿を現すということが多く、不
思議な存在。太陽光の下で見るアオサハギは黄色に
輝くので、深い場所でも目立ちます。泳ぎはさほど速
くないですが、止まることなくダッシュしたり急浮上
したり方向転換したりと動きが読みづらいので、網2
本で進行方向の前後から挟んで、上に逃げたら素早
く引き上げるようにしましょう。

カリブの一言
毎年アオサハギに出会うために漁港に通っている
と言っても過言ではないほど大好きな魚なんだ！

5月
6月
7月
8月
9月
10月

70

浮き出たり消えたりする網目模様
①アミメハギ
②アミメウマヅラハギ
（フグ目カワハギ科）

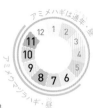

生態メモ

成長しても7cmほどにしかならない小型種アミメハギ。黄緑色だったり茶色だったり、網目模様だったり無地だったりと、環境に合わせて柄はさまざま。一方、鼻筋の通ったちょっとダークな表情が魅力のアミメウマヅラハギは、気分に合わせて柄がコロコロ変わります。

①アミメハギ
全長約6cmの茶色い成魚。

全長約3cmのアミメハギの幼魚。薄く緑がかった個体。

②アミメウマヅラハギ
全長約11cmの若魚。興奮して網目模様がくっきり出ている。

全長約6cmのアミメウマヅラハギの幼魚。模様があまりなく、一面茶色の個性的な個体。

②

よくいる場所	▶ ①海藻・係留ロープ・岸壁沿い ②岸壁沿い	動き ▶ ①②常に泳ぎ続けている
カリブの採集場所	▶ 三浦・房総半島・西伊豆の漁港	

見つけ方＆すくい方

①アミメハギは一年を通して漁港で出会える、最も身近なカワハギの仲間。海藻が多く生えている漁港なら、かなりの確率で出会えます。海藻に寄り添って揺れていたり、係留ロープをつついたりしていて、とてものんびり屋なので小さめの網1本で簡単にすくうことができます。
②アミメハギと比べて少し深いところを泳いでいる

アミメウマヅラハギ。海では黒っぽくなっていることが多く、漁港で上からのぞくと影のように見えて分かりづらいかもしれません。しかし1カ所だけ、尾びれの付け根にある白い点が日光を反射して光り輝いているので、それを頼りに探してみましょう。深くてそこそこ素早く泳ぐので、長めの網を2本使わないと採集は難しいかもしれません。

カリブの一言
色や模様の個体差から、棲んでいる環境や今の気分を想像してみよう！

6月
7月
8月
9月
10月
11月

71

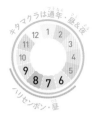

好奇心が旺盛なフグたち
①ハリセンボン
②キタマクラ⚠毒

（フグ目①ハリセンボン科・②フグ科）

生態メモ

危険を感じると水を大量に飲んでトゲトゲボールに変身するハリセンボン。実は針の数は350本ほどしかありません。キタマクラはトゲの代わりに皮膚に毒を持って身を守ります。食べたら危険だという注意が名前に表れていますね。

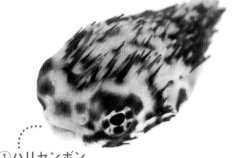

①ハリセンボン

全長約3.5cmの幼魚。目が星のような模様になっている。

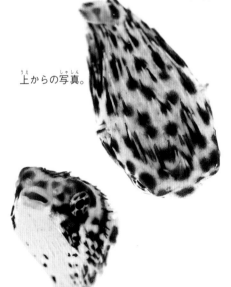

上からの写真。

おなか側からの写真。

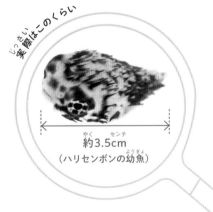

実際はこのくらい

約3.5cm

（ハリセンボンの幼魚）

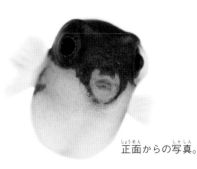

② キタマクラ
全長約4cmの幼魚。

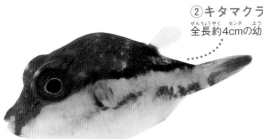

正面からの写真。

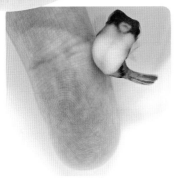

指を入れると、なぜかおなかをくっつけてくる……かわいい！

大きくなったら
こうなるよ

キタマクラ

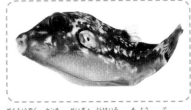

全長約8cmの成魚。紫色の模様が出る。

よくいる場所 ▶	①海面 ②岸壁・係留ロープ沿い	動き ▶	①常に泳ぎ続けている ②貼り付いて動かない・ホバリングしている
カリブの採集場所 ▶	三浦・房総半島・西伊豆の漁港		

 見つけ方＆すくい方

①風のある日、漁港の風下側の角をのぞいてみましょう。打ち寄せられた漂流物の間に、波紋を広げながらハリセンボンが浮かんでいるかもしれません。3cmほどの幼魚はまだ黄色が鮮やかに出ておらず茶色っぽいため、"開いていない松ぼっくり"が浮かんでいるように見えます。素早く泳がず、下に潜ることもあまりないので、網1本で簡単にすくえます。

②真冬でも真夏でも、漁港に行けば必ずといっていいほど出会えるのがキタマクラ。時期によって3cmほどの茶色い幼魚から10cm以上ある毒々しい色の成魚まで、さまざまな姿を見ることができます。縄張りがあるのか、2メートルおきくらいに等間隔で幼魚がホバリングしている様子は、ほほ笑ましいの一言。彼らのおなかは物にくっつく性質らしく、夜の漁港では岸壁沿いにペタッと貼り付いて休んでいるので、すくうのは簡単です。

 カリブの一言

どちらのフグも好奇心が強く、網を見ると寄ってくるほど。観察しやすいので、いろいろな角度から表情を見てみよう！

②
1月 2月 3月 4月 5月 6月 7月 8月 9月 10月 11月 12月

73

7月
流れ藻

　岸壁採集での要チェックポイントの代表、"流れ藻"。幼魚たちを運ぶゆりかごは、7月になると関東の漁港にも多く流れ着くようになり、10月頃まで見られます。

　この季節は風向きがとても大事。風が流れ藻を沖から漁港に運んでくるため、風下側の角の海面に多くの生き物が集まります。どのくらいの風がどちらから吹いているのか、漂流物がたまりそうな漁港はどこなのか。日によって良いポイントが変わるため、風と地形を読みながら漁港を渡り歩く、謎解き宝探しのような季節です。

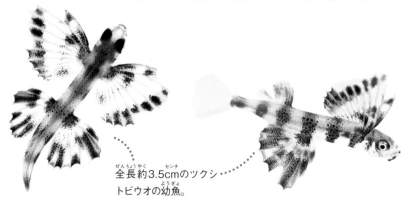

全長約3.5cmのツクシ
トビウオの幼魚。

74

海面で舞い踊るチョウ
トビウオの仲間
（ダツ目トビウオ科）

12 1 2
11 3
10 4
8 7 5 6
昼&夜

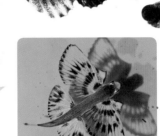
全長約3.5cmのアヤトビウオの幼魚。

生態メモ

風に乗って漁港に大量に打ち寄せるトビウオ類の幼魚は、種類によって色や模様、羽の形がさまざま。大きくなると胸びれが一際長く伸びますが、幼魚の頃は腹びれも大きく、4枚の羽根をもつチョウのような姿をしています。

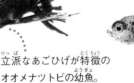
全長約6cm。ニノジトビウオの幼魚と思われる。

立派なあごひげが特徴のオオメナツトビの幼魚。

全長約1cm。まだ胸びれが発達していない稚魚。

7月
8月

よくいる場所 ▶ 海面	動き ▶ 常に泳ぎ続けている	カリブの採集場所 ▶ 三浦・房総半島・西伊豆の漁港

見つけ方&すくい方

深く潜ることがなく常に海面で乱舞している彼らは、とても見つけやすい魚たち。ツクシトビウオは枯葉、アヤトビウオは昆虫、ニノジトビウオは花びらと、それぞれ魚らしからぬ姿をしてはいますが、いずれもよく目立ちます。海面すれすれを泳ぐため、波紋が広がることも発見を助けます。ただ、いるときは団体で現れ、いないときはまったくいません。風向きを読んで、漁港の角を探しましょう。すくうのは難しくありませんが、小さな体でも数メートル飛ぶことができるので、後ろから追うのではなく、顔側から網を近づけてみましょう。

カリブの一言

彼らの体はとてもデリケート。バケツの中ですぐに弱ってしまうので、観察したら早めに逃がしてあげよう！

75

カワハギの仲間 その1
①カワハギ・②ヨソギ
③ウマヅラハギ

（①②③フグ目カワハギ科）

①

②

③

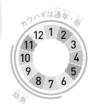
カワハギは通年・夏
12 1 2
11   3
10   4
9   5
8 7 6
幼魚

生態メモ

流れ藻にくっつく幼魚の代表格といえ
ば、カワハギの仲間。藻の色に体の色を
似せて間に隠れ、夜は流されないように
海藻に食いついて眠ります。特に多く
見られるのが、正方形を傾けたような
体高の高いカワハギ、少し細長く伸び
たひし形のヨソギ、丸みを帯びたウマヅ
ラハギ。この3種は同じ群れの中に入り
混じっています。

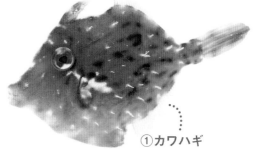
①カワハギ
全長約5cmの幼魚。体表に
毛が生えているのは個性。

①

7月

8月

9月

10月

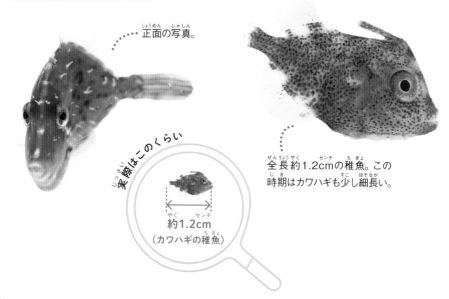
正面の写真。

実際はこのくらい

約1.2cm
（カワハギの稚魚）

全長約1.2cmの稚魚。この
時期はカワハギも少し細長い。

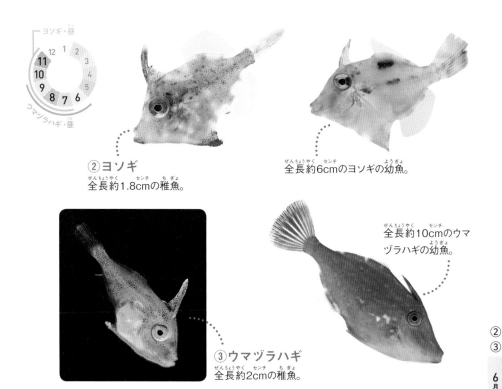

ヨソギ・昼

12 1 2
11 3
10 4
9 5
8 7 6

ウマヅラハギ・昼

② ヨソギ
全長約1.8cmの稚魚。

全長約6cmのヨソギの幼魚。

全長約10cmのウマ
ヅラハギの幼魚。

③ ウマヅラハギ
全長約2cmの稚魚。

②
③

6月

7月

8月

9月

10月

11月

よくいる場所 ▶ ①②流れ藻の中・係留ロープ・岸壁沿い ③流れ藻の中・係留ロープ沿い	動き ▶ 常に泳ぎ続けている

カリブの採集場所 ▶ ③三浦・房総半島・西伊豆の漁港

 見つけ方＆すくい方　①流れ藻の中や縁を観察すると、数え切れないほど多くの黄土色の米粒のようなものがうごめいて見えます。その多くはカワハギの稚魚。一見何もいないように見える小さな流れ藻の切れ端でも、すくってみると何匹ものカワハギに出会えるでしょう。ちなみに、1cm前後の稚魚は流れ藻に付き、2cmほどになると係留ロープ、4cmほどで岸壁沿い

にも見られるようになります。
②③ヨソギやウマヅラハギも探す場所は同じですが、こちらは数が少なく、カワハギ100匹に対して1匹いるかいないかくらいの確率です。慣れれば上から見分けられますが、はじめのうちはすくってみて、横から形や模様を観察して、数少ない細長い子を探してみましょう。

 カリブの一言
漁港では流れ藻から別の流れ藻へ泳いで
お引っ越しする様子も観察できるよ！

カワハギの仲間 その2
① ソウシハギ <毒>
② ウスバハギ
（①②フグ目カワハギ科）

ウスバハギ・昼

12 1 2
11　　　3
10　　　4
9　　　5
8 7 6

ソウシハギ・昼

① ソウシハギ
全長約4.5cmの幼魚。
頭を下にして浮かんで
いることが多い。

生態メモ

内臓に「パリトキシン」という毒を持つと
されて悪者扱いされがちなソウシハギです
が、食べなければとっても魅力的な魚。幼
少期は枯葉や海藻に擬態して漂い、成長
すると1メートルを超えることもある、大
型のカワハギです。ウスバハギも同じく大
型ですが、こちらは料理屋さんでも時々見
かける食用魚です。

全長約13cmのソウシハギの幼魚。黒い
斑点と青い虫食い状の模様が散らばる。

② ウスバハギ
全長約6cmの幼魚。模様は瞬
時に現れたり消えたりする。

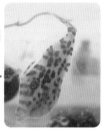

全長約12cmの
ウスバハギの幼魚。

よくいる場所 ▶ ①流れ藻の下・係留ロープ沿い・海面 ②海面	**動き** ▶ 漂うようにゆっくり泳いでいる

カリブの採集場所 ▶ 三浦・房総半島・西伊豆の漁港

 見つけ方＆すくい方

①単体で見ると存在感があり、海でも目立ちそうに思えますが、漁港で上から見ると、これがうまく気配を消すのです。頭を斜め下にして流れ藻や係留ロープに寄り添い、あまり泳がずにじっと漂っているので、生き物のように見えません。幼魚は細長い枯れ葉に擬態していると考えられ、大きな尾びれが少しボロボロになっている感じもお見事。黄色く見えることが多いですが、時には真っ黒になって浮かんでいることも。

②ソウシハギが物に寄り添うのに対して、ウスバハギは単体でポツンと浮かんでいることが多いです。同じく頭を下に向けていますが、尾びれを海面に平行に曲げている姿をよく見ます。海で泳いでいるときにはあまり模様はなく、白っぽく光って見えますが、網ですくうと興奮してロックミュージシャン布袋寅泰さんのギターの幾何学模様のような模様が出ます。

 カリブの一言
ソウシハギは秋の枯葉の季節にも現れるよ。ウスバハギはクラゲをつついている姿が見られるかも。

7月
8月
9月
10月

流れ藻に逃げ込む
幼魚を待ち受けるハンターたち
①シイラ・②ハナオコゼ
（①スズキ目シイラ科・②アンコウ目カエルアンコウ科）

①

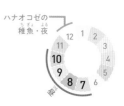
②

ハナオコゼの
稚魚・夜

生態メモ

2メートルくらいまで成長するシイラは、幼魚の頃から食欲旺盛。流れ藻の周囲でトビウオの幼魚などを追い回しています。アンコウの仲間のハナオコゼは、流れ藻に潜んで小魚を待ち伏せすることに特化した体に進化しています。ホンダワラ（海藻の1種）にそっくりな色、表面のひだひだ、つっぱるために発達した手のような胸びれ。

①シイラ

全長約4cmの幼魚。目が大きく、背びれはオレンジがかって見える。

全長約8cmのシイラの幼魚。全体的に緑っぽくなる。

②ハナオコゼ

全長約5cm。流れ藻と一緒に。

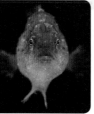

全長約1.5cmのハナオコゼの稚魚。まだひれが発達していない。

正面からの写真。

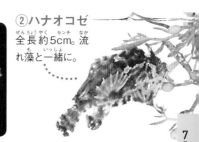

よくいる場所	▶	①海面 ②流れ藻の中	動き	▶	①常に泳ぎ続けている ②隠れて動かない	カリブの採集場所	三浦・房総半島・西伊豆の漁港

見つけ方＆すくい方

①流れ藻の縁のあたりや、少し離れた海面を注意深く見て、体をあまりくねらせずに動く細長いオレンジ色の棒を探してみましょう。波紋を出していることもあります。小さな網で簡単にすくえますが、成長して6cmを超えて背中が緑がかってくると、急に素早くなるので要注意。

②流れ藻をすくったらたまたま入っていた、ということもありますが、ハナオコゼは上からでも十分に見つけられます。枝がひしめき合っている流れ藻の中で、もっこりと膨らんでいる"違和感"に気付くことができれば、あとはプラコップでもすくえてしまうほど逃げません。

カリブの一言

小さくても捕食能力は一流。網ですくう前に、まずは彼らのハンティングの様子を観察してみよう！

7月

8月

9月

10月

②

12月

79

漁港に最初に現れる
モンガラカワハギ
アミモンガラ
（フグ目モンガラカワハギ科）

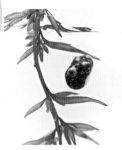

全長 約2cm。眉毛のような骨格があり、怒り顔。

生態メモ

南の暖かい海に生息しているモンガラカワハギの仲間ですが、アミモンガラは関東の海でも多く見られます。他種が岩場に棲むのに対し、この種は沖合で遊泳生活をしており、幼魚は流れ藻に付いて漁港に入ってくる定番の来客です。

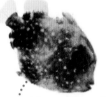

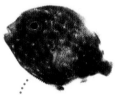

白っぽかったり黒っぽかったりと個性豊か。

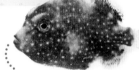

全長 約4cm。このあたりから体が長く伸び始める。

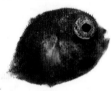

全長 約0.6cm。まだ模様が出ておらず、妖怪キジムナーのよう。

よくいる場所	▶ 流れ藻の中・海面	動き	▶ 常に泳ぎ続けている	カリブの採集場所	▶ 三浦・房総半島・西伊豆の漁港

見つけ方&すくい方

1cm未満の稚魚は流れ藻の縁に多く、黒いごま粒がちょこまか動いているように見えます。少し大きくなると流れ藻から離れた場所で見かけることも増え、黒と白のまだら模様の体を横にして海面すれすれに浮かんでいるので、波紋も出ていて目立ちます。

時々10cmほどに育った個体も見かけますが、このサイズになると体は長く伸びて、背びれと臀びれをマンボウのように動かして泳ぎます。よほど大きくなければ泳ぎはとてもゆっくりなので、網を使わずプラコップだけでもすくえます。

実際はこのくらい

カリブの一言
怒っているような表情が面白く、僕は"ブタ君"と呼んでいるよ。

← 約0.6cm →

7月
8月
9月
10月

流れ藻の中の "シマシマ" と "点々"

①イシダイ・②イシガキダイ

（①②スズキ目イシダイ科）

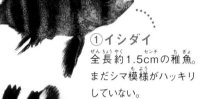

生態メモ

成長すると波の荒い岩場を力強く泳ぐイシダイとイシガキダイも、幼魚の頃は流れ藻に身を隠します。この2種は近い仲間であるだけでなく、現れる時期や生息域も被っていることが多く、シマシマと点々模様の両方を身にまとった、自然界での交雑種も見つかっています。

①イシダイ
全長約1.5cmの稚魚。まだシマ模様がハッキリしていない。

全長約3cmのイシダイの幼魚。

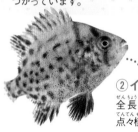

②イシガキダイ
全長約2.5cmの稚魚。点々模様が小さく、全体がクリーム色っぽい。

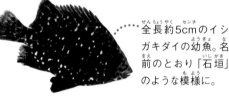

全長約5cmのイシガキダイの幼魚。名前のとおり「石垣」のような模様に。

よくいる場所	流れ藻の中・海面・係留ロープ・岸壁沿い・船の下	動き	常に泳ぎ続けている	カリブの採集場所	三浦・房総半島・西伊豆の漁港

見つけ方&すくい方

彼らは漁港内での行動範囲が広く、流れ藻の中から船の下の陰になっているところまで、いろいろな場所で見られます。同じ群れに2種が混ざっていることもしばしば。異なる点としては、イシダイは大きな群れで行動しているのに対し、イシガキダイは単独もしくは2〜3匹で泳いでいることが多い印象です。

3cmくらいまでの子は簡単にすくえますが、大きくなるとかなり素早いので網を2本使っても苦戦するかもしれません。

カリブの一言
彼らはとても好奇心旺盛なので、網を海に入れたままじっとしていると、向こうから寄ってきて網に入ることもあるよ！

6月
7月
8月
9月

81

模様や色に個性がある

①イスズミの仲間
②アイゴ ⚠毒

（スズキ目①イスズミ科・②アイゴ科）

アイゴは通年・夏
イスズミ・昼

生態メモ

岩場に棲むことから「石棲み」が名前の由来のイスズミですが、幼魚は漁港の常連。いくつかの種類が混じって沖から流れてきます。漁港に群れで現れ、コケをムシャムシャ食べるアイゴは、各ひれのトゲに強い毒を持つので決して触っていはいけません。

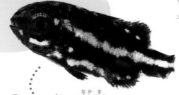

①イスズミの仲間
全長約1.5cmの稚魚。黒地に白い模様が映える。

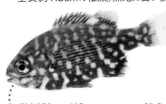

全長約3.5cmのイスズミの仲間の幼魚。水玉模様が出ている個体。

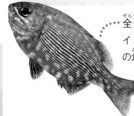

全長約8cmのイスズミの仲間の幼魚。

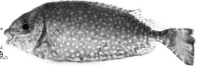

②アイゴ
全長約11cmの幼魚。

よくいる場所	①海面・流れ藻の中 ②岸壁沿い	動き	①常に泳ぎ続けている ②岸壁をつついている	カリブの採集場所	三浦・房総半島・西伊豆の漁港

 ### 見つけ方&すくい方

①種類や大きさによって色の濃さや模様がさまざまなイスズミの仲間は、流れ藻の時期になると海面のいたるところに浮かんでいます。黒地に白い模様の子は目立ちますが、灰色っぽい子は一見メジナ（→49ページ）に似ています。見分け方は、少し体を「く」の字に曲げて浮かんでいることと、上から見たときにメジナより体が太いこと。海面すれすれにいることが多いので、上から素早くすくえば簡単に入ります。

②海で泳いでいるときはエラのあたりに目のような黒い模様があり、不思議な大きな顔の魚のように見えます。10匹ほどの群れで行動しており、多くの場合、中層の岸壁をつついているので両側から網で挟むとすくえますが、毒が怖いので採集しての観察はあまりおすすめしません。

 ### カリブの一言
一見地味な色のイスズミも、よく観察すると繊細な模様や色が散りばめられていて美しい魚だよ！

将来が楽しみな食用魚たち
①カンパチ
②ブリ・③ツムブリ
（①②③スズキ目アジ科）

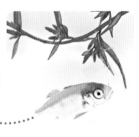

カンパチと
ツムブリ・昼

ブリ・昼

生態メモ

成長すると1メートルを超える大きな食用魚たちも、10cmくらいまでは流れ藻に付いて生活します。ブリは成長と共に呼び名が変わる出世魚。幼魚期の呼び名「モジャコ」は、「藻に付く雑魚」が由来です。

①カンパチ
全長約5.5cmの幼魚。名前の由来である目の部分の「八」の字模様がくっきり出る時期。

全長約1.8cmのカンパチの稚魚。まだ横ジマがはっきりしていない。第2背びれと臀びれの前半に色が付くのが特徴。

②ブリ
全長約3.5cmの幼魚。体高が低く、横ジマは8本。

③ツムブリ
全長約5cmの幼魚。うっすら青い2本のシマ模様が出る。

5月
6月
7月
8月
9月

よくいる場所	▶	流れ藻の中・海面・係留ロープ沿い	動き	▶	常に泳ぎ続けている	カリブの採集場所	▶	三浦・房総半島・西伊豆の漁港

見つけ方&すくい方　この3種は、ほぼ同じ場所にいます。主に流れ藻の縁と、その近くの海面を探してみましょう。係留ロープの周りをクルクル回っていることもあります。カンパチは白っぽく輝いて見え、頭を斜め下にして尾びれを少し曲げて浮かんでいることが多いです。ブリは黒っぽく見え、少し丸顔、ツムブリは黄金に輝いて見えて顔がとがっているので、慣れると上から見分けられます。流れ藻ごとすくうと簡単に採集できます。

カリブの一言
僕たちがいつも食べている立派な魚たちも、こんなにかわいらしい時期があるんだね！

83

"違和感察知能力"が試される！
①ヨウジウオの仲間
②アオヤガラ・③オキザヨリ

① ② ③

（①トゲウオ目ヨウジウオ科・②トゲウオ目ヤガラ科・③ダツ目ダツ科）

生態メモ

タツノオトシゴに近い仲間のヨウジウオは、一生を枝に擬態して海藻や浮遊物に寄り添って生活し、スポイトのような口で小さな甲殻類などを吸い込んで食べます。オキザヨリとアオヤガラは幼魚期を漁港で過ごし、やがては1メートル以上に成長して大海原を悠々と泳ぎます。

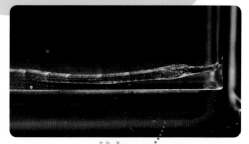

①ヨウジウオの仲間
全長約6cm。ヨウジウオだと思われる。

全長約12cmのガンテンイシヨウジ。体の水玉模様が特徴。

全長約8cmのテングヨウジ。河口付近に多く見られる。

全長約8cmのホシヨウジ。おなかに白い斑紋が並ぶ。

全長約17cmのトゲヨウジ。海藻に尾を巻き付けて泳いでいた。

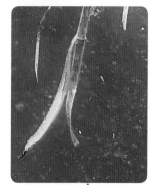

全長約15cmのヒフキヨウジ。吻（口先）が短め。

84

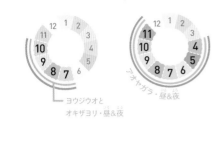

② アオヤガラ
全長約17cmの幼魚の背面。
ヨウジウオよりも口が長く伸びる。

③ オキザヨリ
全長約7cmの幼魚。口には鋭い歯が
並び、すでにハンターの風格がある。

よくいる場所 ▶	① 流れ藻・海藻の中・海面 ② 岸壁・係留ロープ沿い ③ 海面	動き ▶ 常に泳ぎ続けている

カリブの採集場所 ▶ 三浦・房総半島・西伊豆の漁港

 見つけ方&すくい方

① 泳ぎがゆっくりなヨウジウオは、すくうのはとても簡単。出会うには"違和感"に気付けるかどうか、それに尽きます。上から見ると、ほぼ枝。泳いでいるようにも見えません。妙にまっすぐで、分岐がなく、なんとなく周りの（本物の）枝と違った動きをしている……と感じる枝を探してみましょう。「魚（ウオ）ーリーを探せ」だと思って！

② ヨウジウオと競る見つけにくさ。探し方はほぼ同じですが、アオヤガラは流れ藻や海面ではなく、少し深い岸壁沿いに2～3匹でホバリングしていることが多いです。

③ 体の後ろのほうについている背びれが羽のように大きく広がり、それを横に倒して海面すれすれに浮かんでいます。長く伸びる口は下側の先が少し膨らみ、ヒラヒラとたなびいています。幼魚はオレンジと黒が混じったような不思議な色、20cmほどになると緑がかって、ちょっとドラゴンのような雰囲気になります。

 カリブの一言
見つけるのが難しい分、気付いた瞬間の感動は大きいよ！

②

4月
5月
6月
7月
8月
9月
10月
11月

85

流れ藻がなくてもいる魚たち
①オヤビッチャ
②コチの仲間
（スズキ目①スズメダイ科・②コチ科）

① ②

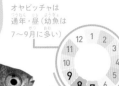

オヤビッチャは
通年・昼（幼魚は
7〜9月に多い）

コチ・昼＆夜

①オヤビッチャ
全長約4cmの幼魚。シマ模様の間が黄色いことが特徴。

全長約2cmのオヤビッチャの幼魚。まだ体が丸っこい。

②コチの仲間
全長約1cmの稚魚。半分透けている。

全長約1.5cmのコチの稚魚。真っ黒で、上から見るとホウボウによく似ている。

生態メモ

オヤビッチャの名前は「綾（細やかな模様）が走る」という意味の沖縄方言が由来だという説があります。漁港でも磯でも、釣りでもダイビングでも、日本でも海外でも、安定して群れに出会える魚です。コチは砂地に着底して大きな口で魚を捕食する海底のハンターですが、稚魚の頃は海面付近を漂ってプランクトンを食べています。

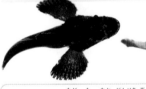

よくいる場所 ▶	①流れ藻の中・岸壁沿い ②海面	動き ▶	常に泳ぎ続けている	カリブの採集場所 ▶	①三浦・房総半島・西伊豆の漁港 ②房総半島・西伊豆の漁港

見つけ方＆すくい方

①1cmほどの稚魚は、近い仲間のロクセンスズメダイやシマスズメダイと共に流れ藻にたくさん付いていますが、漁港に流れ藻が入ってきていない日でも、少し成長したオヤビッチャはあちこちに群をなしています。探さずとも目に入ってくる、という印象。稚魚は流れ藻ごとすくえますが、離れている幼魚はとても素早く、網で追いかけるのは

難易度が高いです。
②コチの稚魚に出会えるかどうかは風次第。流れ藻には付きませんが、風に乗って一緒に漁港に入ってくるので、浮遊物の多い日に風下側の角を探してみましょう。ホウボウ（→45ページ）によく似た、でも少し長細い姿で羽ばたいています。いるときは何十匹も現れ、いないときは1匹もいないというハッキリした魚です。

カリブの一言
コチの稚魚は何秒かに1回、頭を上にグンと持ち上げるしぐさを繰り返すよ。観察してみよう！

7月

8月

9月

86

流れ藻のギンポと岸壁のギンポ
①ニジギンポ
②ナベカ
（①②スズキ目イソギンポ科）

①　②

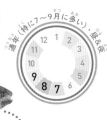
通年（特に7〜9月に多い）・昼&夜
11 12 1 2
10 　 3
9 　 4
8 7 6 5

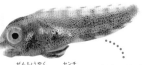
①ニジギンポ　全長約4cmの幼魚。

生態メモ

カワハギ（→76ページ）やオヤビッチャ（→86ページ）と同様に、流れ藻に多く付いている遊泳型のニジギンポ。かわいらしい顔をしていますが、大きく開く口には犬歯のような鋭い歯があり、ほかの魚の皮膚を食べてしまう、どう猛な一面も。一方、近い仲間のナベカは、ほとんど泳がず壁面や岩に貼り付いて生活します。

全長約1.5cmのニジギンポの稚魚。まだ模様がハッキリしておらず、オタマジャクシのような体型。

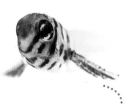

大きくなったらこうなるよ
全長約5.5cmのナベカの成魚。

②ナベカ　全長約2cmの幼魚。体が半分透けている。

よくいる場所 ▶	①流れ藻・海藻の中・係留ロープ・岸壁沿い ②岸壁沿い	動き ▶	①常に泳ぎ続けている ②貼り付いてあまり動かない

カリブの採集場所 ▶ 三浦・房総半島・西伊豆の漁港

見つけ方＆すくい方

①小さければ小さいほど流れ藻に付き、成長すると係留ロープや少し深い場所に移動します。稚魚は流れ藻の縁をすくうと、多いときには一度に何十匹も入るほど。3cm以上の幼魚は多くの場合、斜め上を見上げて体を「し」の字に曲げてホバリングしています。基本的には泳ぎの速い魚ではありませんが、危険察知能力に個体差があるのか、とれないときは網を2本使っても歯が立たないことも。

②岸壁の貝の間などに隠れていることが多く、鮮やかな黄色は上からでもよく目立ちます。ただし、すくうのは一苦労。網の届かない隙間に素早く隠れてしまうので、枠が金属コーティングされた網をうまく使って下から追って、貝の少ない平らな場所におびき出しましょう。

カリブの一言
真冬でも出会えることが多いから、とっても親近感のある魚たちだよ！

7月
8月
9月

87

岸壁沿いもにぎやか
①ヘビギンポ
②ヒメギンポ
（①②スズキ目ヘビギンポ科）

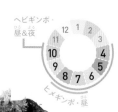

ヘビギンポ・昼&夜

ヒメギンポ・昼

12 1 2 3 4 5 6 7 8 9 10 11

生態メモ

ひょうきんなひょっとこ顔をしたヘビギンポの仲間は、背びれが３つに分かれている珍しい体型から、英名は"Triplefin" blenny。色彩変異が多く、棲んでいる場所やオスとメス、普段と婚姻色（繁殖期の体色）などによって印象がガラリと変わります。

①ヘビギンポ
全長約5cmの成魚。最もよく見かけるのがこの柄の個体。

ヘビギンポの顔アップ写真。

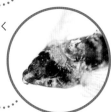

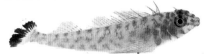

②ヒメギンポ
全長約5cmの成魚。オレンジの水玉模様が美しい。

よくいる 場所 ▶ 岸壁沿い	動き ▶ 貼り付いてあまり動かない	カリブの 採集場所 ▶ 房総半島の漁港

見つけ方&すくい方

流れ藻の季節はついつい海面に目がいってしまいますが、岸壁沿いも、とってもにぎやか。特に目につくのがヘビギンポです。あまり貝の付いていない、比較的つるんとした漁港の壁面をのぞくと、たくさん出会えるでしょう。茶色っぽい子が多いですが、中には真っ黒な体に白い横ジマが2本入った婚姻色のオスも目立ちます。
②数は少ないですが、よりオシャレな柄のヒメギンポも、ヘビギンポと同じような場所にいます。枠が金属コーティングされた網を壁面に当てて、下から素早くすくい上げましょう。

カリブの一言
すくう前に、壁面をスクーターのようにスイ～っと移動する様子を観察してみよう！

4月
5月
6月
7月
8月
9月
10月

88

カニのメガロパ幼生
（十脚目）

生態メモ

砂地や岩場を歩くイメージのカニですが、赤ちゃんの頃は尾があって、海面付近を猛スピードで泳いでいます。この成長段階は「メガロパ幼生」と呼ばれ、種類によってさまざまな時期に夜の漁港に姿を現します。

甲幅約0.8cm。最もよく見かけるのがこのタイプ。

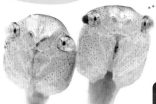

背面から見ると昆虫の頭のよう。

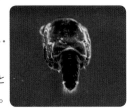

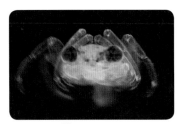

別のタイプ。育てたらトゲアシガニになった。

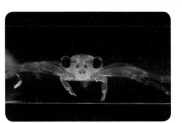

脚を開くと、カニっぽくなる。

よくいる場所 ▶ 海面	動き ▶ 常に泳ぎ続けている	カリブの採集場所 ▶ 三浦・房総半島・西伊豆の漁港

見つけ方＆すくい方 夜、明るめの街灯が海面を照らしている漁港をのぞくと、海面を高速で泳ぐ彼らに出会えます。脚をしまい、真ん丸な体からちょびっとしっぽが出ている姿をしているので、初めて見る人は、まさかカニの赤ちゃんだとは思わないでしょう。止まることなく泳いでいますが、網で簡単すくえる程度の速さ。ここでご紹介した以外にも、さまざまなタイプが現れるので、観察が楽しい生き物です。

カリブの一言 目が水色に光っていたり、宇宙人みたいだったり、おまんじゅうみたいだったり……あまりにも愉快なメガロパワールドへようこそ！

8月（がつ）
死滅回遊魚（しめつかいゆうぎょ）

　真夏（まなつ）、海水温（かいすいおん）が高（たか）まるこの時期（じき）は、黒潮（くろしお）に乗（の）って南（みなみ）の海（うみ）から色とりどりの幼魚（ようぎょ）たちが流（なが）れてきます。彼らはたどり着（つ）いた土地（とち）で育（そだ）ち、冬（ふゆ）になって海水温（かいすいおん）が下（さ）がると越冬（えっとう）できずに死（し）んでしまうことから"死滅回遊魚（しめつかいゆうぎょ）"と呼ばれます。

　この一見（いっけん）はかない運命（うんめい）にも、実（じつ）は命（いのち）をつなぐたくましい意味（いみ）があります。種（しゅ）の生息域（せいそくいき）を広（ひろ）げるため、南（みなみ）の海（うみ）の魚（さかな）たちは子孫（しそん）を旅立（たびだ）たせているのです。そんな命（いのち）がけの開拓者（かいたくしゃ）たちも、近年（きんねん）はさまざまな要因（よういん）によって越冬（えっとう）することも増（ふ）えてきました。今（いま）では"季節来遊魚（きせつらいゆうぎょ）"という呼び名（な）のほうが一般的（いっぱんてき）になっています。

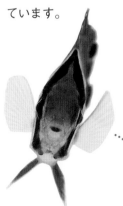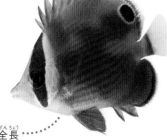

チョウチョウウオの全長（ぜんちょう）
約2.5cmの稚魚（やく センチ ちぎょ）（左（ひだり））と
約5cmの幼魚（やく センチ ようぎょ）（右（みぎ））。

夏の漁港を彩る人気者
チョウチョウウオの仲間
（スズキ目チョウチョウウオ科）

特に8〜9月
昼&夜

12　1
11　　　2
10　　　　3
9　　　　4
8　7　6　5

生態メモ

鮮やかな色とかわいらしい動きで水族館でも人気の高いチョウチョウウオ。稚魚の頃は頭にかぶとをかぶったような立派な骨格があり、「トリクチス幼生」と呼ばれます。チョウチョウウオの仲間は目を通る黒いシマ模様があるものが多く、これは目の位置を分かりにくくすることで攻撃を避けていると考えられています。

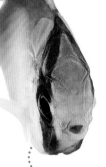
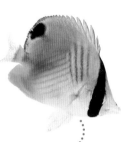

トゲチョウチョウウオの全長約2cmの稚魚（左）と約4cmの幼魚（右）。

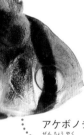

アケボノチョウチョウウオの全長約1.7cmの稚魚（左）と約2.5cmの幼魚（右）。

実際はこのくらい

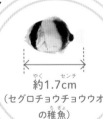

約1.7cm
（セグロチョウチョウウオの稚魚）

セグロチョウチョウウオの全長約1.7cmの稚魚（左）と約3cmの幼魚（右）。

91

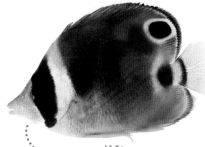

フウライチョウチョウウオの
幼魚。全長約3.5cm。

チョウハンの幼魚。
全長約4.5cm。

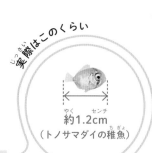

実際はこのくらい

約1.2cm
（トノサマダイの稚魚）

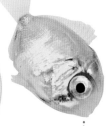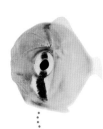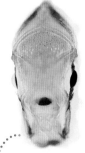

トノサマダイの稚魚。全長約1.2cm。
正面から見るとおでこの骨格が立派。

よくいる場所	▶ 岸壁沿い・海面	動き	▶ 常に泳ぎ続けている	カリブの採集場所	▶ 三浦・房総半島・西伊豆の漁港

見つけ方＆すくい方

チョウチョウウオは素早く穴に逃げ込む魚。磯で泳ぎながら、2本の網と追い出し棒を使って採集するというイメージですが、漁港の岸壁沿いにもたくさん現れます。ただ、動きが速く、網を入れただけで深いほうへと下がってしまいます。待っていれば浮上してきますが、追いかけようとすると網が貝に引っ掛かって、これまた難しい。海藻にも付かないので、真っ向勝負するしかありません。貝の間にいるところに上から網をかぶせ、網の奥のほうへと逃げてくれれば、すくうことができます。一方稚魚は特に夜、少し尾びれを曲げて海面を浮かんでいることが多く、逃げないので簡単にすくえます。

カリブの一言

この仲間だけで図鑑が1冊できてしまうくらい種類が豊富。特徴をとらえて図鑑とにらめっこしてみよう！

モンガラカワハギの仲間
①キヘリモンガラ
②クラカケモンガラ
（①②フグ目モンガラカワハギ科）

生態メモ

アミモンガラ（→80ページ）に次いで漁港によく現れるキヘリモンガラと、より南方系のクラカケモンガラ。彼らは危険が迫ると岩の穴に逃げ込んで、背中とおなかのトゲを開いて体を固定します。そのため背びれのトゲが硬く発達しているのです。

①キヘリモンガラ
全長約3.5cmの幼魚。すくった直後で模様が出ていない。

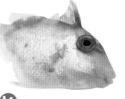

落ち着くと黒い模様が出る。

全長約5cmのクラカケモンガラ。成長すると目の上に芸術的な模様が現れる。

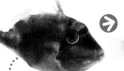

②クラカケモンガラ 全長約3cm。すくった直後、興奮していると黒っぽくなるが（左）、落ち着くと尾びれの付け根に特徴的なオレンジ色のバンドが現れる（右）。

よくいる場所	動き	カリブの採集場所
▶ 流れ藻の中・海面	▶ 常に泳ぎ続けている	三浦・房総半島・西伊豆の漁港

 見つけ方＆すくい方 モンガラカワハギの仲間は、上から見ると独特の体形をしています。顔と尾びれの付け根がすぼまっていて、真ん中がぷっくり膨らんでいる"紡すい形"。まずそのシルエットを探しましょう。よく現れる場所は流れ藻の縁あたりで、じっと見ていると塊の下から姿を現します。紡すい形の魚を見つけたら、今度は色を見ます。金色に輝いていればキヘリモンガラ、白っぽく見えたらクラカケモンガラである可能性が高いです。スイスイ泳ぎますが、急に素早く逃げたりはしないので、網で簡単にすくえます。

 カリブの一言
観察ケースの中に入れて落ち着くと、独特の模様が出てくるよ。変化をじっくり観察してみよう！

7月
8月
9月

93

漁港のコケ掃除役
ニザダイの仲間
（スズキ目ニザダイ科）

生態メモ

チョウチョウウオ（→91ページ）と時期を同じくして、同じような場所で、時には同じ群れに混じって泳ぐニザダイの仲間。彼らは尾びれの付け根付近にトゲがあり、ここに毒を持つ種類もいます。鋭い歯やひれではなく、体の後ろのほうに武器を持ったのですね。

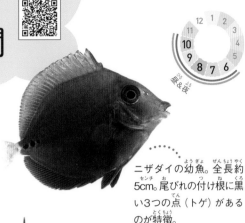

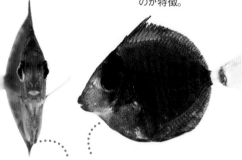

ニザダイの幼魚。全長約5cm。尾びれの付け根に黒い3つの点（トゲ）があるのが特徴。

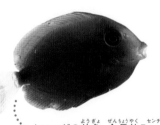

クロハギの幼魚。全長約5cm。

ニザダイの稚魚。全長約2.5cm。体は少し透けて、背びれのトゲが1本長く伸びる。

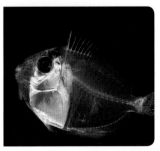

透明なクロハギの稚魚。全長約3.5cm。

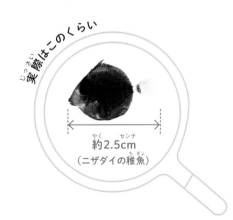

実際はこのくらい

約2.5cm
（ニザダイの稚魚）

94

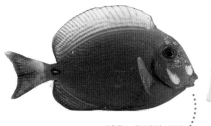

ニセカンランハギの幼魚。全長約9cm。
クロハギに似ているが、トゲが白い。

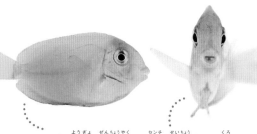

モンツキハギの幼魚。全長約4.5cm。成長すると黒っ
ぽくなり、目の後ろに大きなだ円形の模様が現れる。

サザナミハギの幼魚。全長約6cm。顔には
水玉模様、体には細かい縦ジマ模様がある。

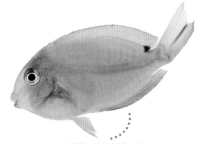

ナガニザの幼魚。全長約7cm。背びれ
の後端に黒い点があることが特徴。

| よくいる場所 ▶ | 岸壁沿い・海面 | 動き ▶ | 常に泳ぎ続けている | カリブの採集場所 ▶ | 三浦・房総半島・西伊豆の漁港 |

 見つけ方&すくい方

ニザダイとクロハギは夏の漁港の定番種。岸壁沿いを上からのぞいて、黒い体に尾びれが白く目立つ姿を探してみましょう。1匹見つければ、周りに何匹も見えてくるでしょう。この2種以外にも、鮮やかなレモンイエローのモンツキハギや、白地に黒い横ジマのシマハギなど、いろいろな種類が見られます。

たくさんいるのですが、チョウチョウウオ以上に警戒心が強く泳ぎが素早いので、網ですくうのは難易度が高いです。大きめの網2本を下から構えて、挟みながら上へ持ち上げると、タイミングが合えば入ります。ただ、多くの場合、網を入れただけで一瞬にしてその場から消え去ります……。透き通った稚魚は夜の海面に浮かんでいるので、簡単にすくえるでしょう。

 カリブの一言
ニザダイの仲間は草食だから、壁面のコケを一生懸命つつくようすを観察できるよ!

95

海面の鬼っ子たち
① クロホシマンジュウダイ⚠毒
② オニカマス

（スズキ目①クロホシマンジュウダイ科・②カマス科）

①

②

生態メモ

成長すると黒い斑点模様が出るクロホシマンジュウダイ。ここ数年、房総半島を中心に数が増えてきました。学名からとった「スキャット」の名で熱帯魚店に並んでいることも。オニカマスは南の海では「バラクーダ」の名で恐れられている魚です。鋭い歯が並ぶ大きな口でかまれたら大変！

①クロホシマンジュウダイ

全長約1.5cmの稚魚。背びれを立てるとオレンジ色。

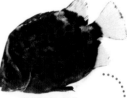

全長約6cmのクロホシマンジュウダイの幼魚。黒い斑点模様が出始めている。

②オニカマス

全長約5cmの幼魚。すでにハンターの形相。

上から見ると幅が広く、口のあたりは少し透けて見える。

正面からの写真。骨格が発達していて鬼の角のよう。

よくいる場所 ▶ 海面	動き ▶ ①常に泳ぎ続けている ②ホバリングしている	カリブの採集場所 ▶ 三浦・房総半島・西伊豆の漁港

見つけ方＆すくい方

汽水（海水と淡水が混ざっている水）を好む魚のため、河口近くの漁港に多く現れます。流れ藻の近くにもいますが、何もない海面にポツンと、2〜3匹の小さな群れで浮かんでいる姿をよく見ます。角張った黒い体にオレンジ色の模様が入っているので、上からでも見分けや

すい姿。あまり逃げないので簡単にすくえます。
②流れの静かな漁港の角のあたりに、頭を少し上にしてピタッと止まっています。時々、近づいてきた小魚の群れめがけて突撃する姿も。漁港にはほかにもアカカマスの幼魚なども現れますが、オニカマスは縁が黒っぽいことで見分けられます。

カリブの一言

クロホシマンジュウダイはかわいらしいけれど、ひれのトゲには毒があるから触らないように注意しよう！

8月
9月
10月

96

漁港の見回り役
①ニシキベラ
②ホンソメワケベラ
③オハグロベラ
（①②③スズキ目ベラ科）

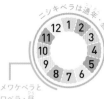

ニシキベラは通年・昼

12 11 1 2 3 4 5 6 7 8 9 10

ホンソメワケベラと
オハグロベラ・昼

①ニシキベラ
全長約4cmの幼魚。
すでに立派な錦柄。

②ホンソメワケベラ
全長約3.5cmの幼魚。

③オハグロベラ
全長約12cmのオス。関東の漁港で見られる魚の中でもトップクラスの毒々しさ。

生態メモ

ベラの仲間はメスからオスに性転換するものが多く、それに伴って色や模様がガラリと変ります。そんな中、ニシキベラは幼魚の頃から多色をまとい、成長してもあまり姿を変えません。一方、大きな魚につく寄生虫を食べる"クリーナーフィッシュ"として知られるホンソメワケベラは、黒地に青いラインの幼魚から白地に黒いラインの成魚へと変貌します。茶色のシンプルな姿からハロウィンの仮装並みの奇抜な柄に変貌するオハグロベラも圧巻。

よくいる場所	動き	カリブの採集場所
①②岸壁沿い ③係留ロープ・岸壁沿い	常に泳ぎ続けている	三浦・房総半島・西伊豆の漁港

②
③

8月
9月
10月

見つけ方&すくい方

①一年を通して姿が見られるニシキベラですが、特に夏の漁港には大小さまざまな個体が元気に泳ぎ回ります。中層の岸壁沿いを、海藻の間を縫うようにクネクネと泳いでいて、止まることがないので網ですくうには根気が必要。進行方向を予想して待ち伏せしておいて、網の前を通った瞬間に挟むと、タイミングが合えば入ります。
②ホンソメワケベラの幼魚も同じく中層の岸壁沿いにいますが、こちらは海藻があまり茂っていない、コンクリートむき出しの角や底から突き出ているパイプの周りなどでよく見る印象です。太陽光を浴びるとラインが青く輝いて見えます。
③ベラとは思えないほど体高の高いオハグロベラは、いる場所も少し個性的。茶色い体で係留ロープの周りを泳ぎ回っている姿は、上から見るとカワハギの仲間（→76、78ページ）のように見えます。上の写真のように成長したオスは少し深い岸壁沿いにいることが多くなります。

大きくなったらこうなるよ

ホンソメワケベラ

カリブの一言
ホンソメワケベラの成魚は漁港でもよくほかの魚のクリーニングをしているので、されている側の反応も合わせて観察してみよう！

97

釣ったほうが早い!?
①ソラスズメダイ
②ミヤコキセンスズメダイ
③キンギョハナダイ

（①②スズキ目スズメダイ科・③スズキ目ハタ科）

①

②

③

生態メモ

夏の漁港を象徴するものといえば、ソラスズメダイの青色でしょう。時には100匹以上の群れで乱舞する姿を見かけます。太陽光のもとでは水色から深い青まで個性豊かに輝きますが、不思議とバケツに入れると黒っぽくなります。一緒に群れていることも多いキンギョハナダイはメスからオスに性転換する魚です。

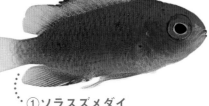

①ソラスズメダイ
全長約3.5cmの幼魚。体色や尾びれの黄色には個体差がある。

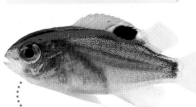

②ミヤコキセンスズメダイ
全長約2cmの稚魚。背びれ後端には、目の位置を欺くための「眼状紋」がある。

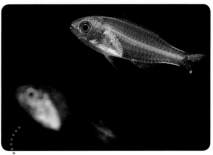

全長約2cmのソラスズメダイの稚魚。体は透き通り、うっすら青色が出始めている。

98

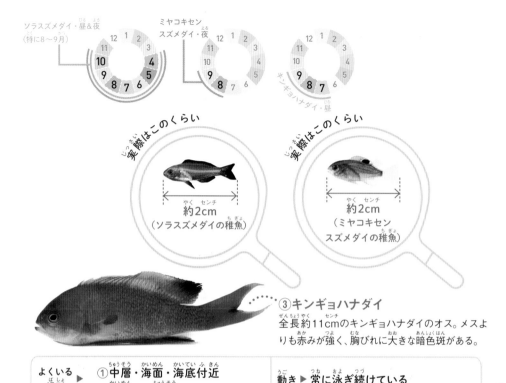

ソラスズメダイ・昼&夜
（特に8〜9月）

ミヤコキセン
スズメダイ・夜

キンギョハナダイ・昼

実際はこのくらい

約2cm
（ソラスズメダイの稚魚）

実際はこのくらい

約2cm
（ミヤコキセン
スズメダイの稚魚）

③キンギョハナダイ

全長約11cmのキンギョハナダイのオス。メスよりも赤みが強く、胸びれに大きな暗色斑がある。

よくいる場所 ▶	①中層・海面・海底付近 ②海面 ③中層	動き ▶ 常に泳ぎ続けている
カリブの採集場所 ▶	①②三浦・房総半島・西伊豆の漁港	③房総半島・西伊豆の漁港

 見つけ方&すくい方

①探そうとしなくても、夏の漁港をのぞけば自然と目に入ってくる鮮やかな青。時期や時間帯によって泳いでいる水深が違うので、網ですくうなら浅いところに上がってきているタイミングを狙いましょう。ただしとても素早いので、正直、タナゴ針など小さな仕掛けを使って釣ったほうが早いところ。夜に海面に浮かぶ稚魚は簡単にすくえますが、まだ色が出ていないこともあるので、見つけに

くいかもしれません。
②漁港では、不思議と稚魚しか見たことがありません。夜に海面に浮かんでいます。上から見ても目を通る青い模様は目立ちます。
③数匹のメスと1匹のオスという群れで中層を泳いでいます。優雅に見えますが素早く下へ逃げるので網での採集は高難易度。タナゴ針に米粒大のオキアミをつけて、オモリをつけずにゆっくり沈めると釣れますが、ある時間帯しか食いついてきません。

 カリブの一言
手の届きそうなところにたくさんいるのに、網を入れると散ってしまう。このもどかしさも岸壁採集の醍醐味のひとつ！

③

7月

8月

9月

99

分類を越えたそっくりさん
①ハタタテダイの仲間
②ツノダシ
（スズキ目①チョウチョウウオ科・②ツノダシ科）

生態メモ

チョウチョウウオの仲間（→91ページ）のハタタテダイと、ニザダイ（→94ページ）に近いツノダシ。分類上はまったく違う魚なのですが、形や模様がよく似ており、成魚は一緒に群れていることもあるので不思議です。ハタタテダイは全体が三角形で黒いシマ模様は斜め、ツノダシは口が突き出た形でシマ模様は直線的。

①ハタタテダイの仲間
全長約2.5cmの稚魚。背びれの"旗"がまだ立っていない。

全長約3cmのムレハタタテダイの幼魚。背びれが発達し始める。

全長約4cmのムレハタタテダイの幼魚。

②ツノダシ
全長約8cmのツノダシの若魚。尾びれが黒いことでも見分けられる。

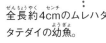

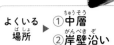

よくいる場所	①中層 ②岸壁沿い	動き ▶ 常に泳ぎ続けている	カリブの採集場所	房総半島・西伊豆の漁港

見つけ方＆すくい方

①流れ藻や係留ロープなどにあまり付かず、何もない中層を群れで悠々と泳いでいます。網が届きにくい深さにいることも多く、動きも素早いので、成長した個体をすくうのはなかなか難しいでしょう。夜は少しくすんだ色になって岩陰で寝ているので簡単にすくえます。
②漁港で見るものは8cm以上の、ある程度成長したものがほとんど。岸壁沿いを単独もしくは2～3匹の小さな群れで高速で泳いでいます。黄色が目立つので見つけやすいですが、ときどき足元のくぼみに入っていて姿が見えないこともあります。そんなときは長く伸びた背びれの先端を探しましょう。真っ白な"旗"は太陽光を浴びるとまばゆいほど輝きます。泳ぎが早いので、ニシキベラ（→97ページ）と同様に待ち伏せ作戦が有効です。

カリブの一言
写真で見ると全然違うけれど、海で上から見るとよく似ているよ。これを瞬時に見分けられるようになったら君も違和感探しの達人だ！

7月
8月
9月
10月

100

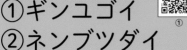
海面と中層の大群
①ギンユゴイ
②ネンブツダイ
（スズキ目①ユゴイ科・②テンジクダイ科）

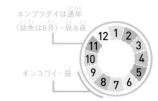

ネンブツダイは通年
（幼魚は8月）・昼&夜

ギンユゴイ・昼

生態メモ

尾びれの白と黒のシマ模様が美しいことから、ギンユゴイの英名はBarred "flagtail"。ネンブツダイは卵がかえるまでオスが口の中で育てる "マウスブリーダー"。常に新鮮な海水が卵に行き渡るように口をパクパクさせ、そのようすが念仏をとなえているように見えることからこの名が付きました。

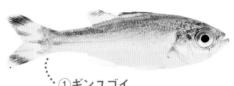

①ギンユゴイ
全長約4cmの幼魚。尾びれのシマ模様は成長すると鮮明になる。

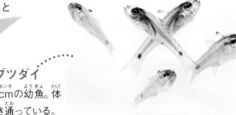

②ネンブツダイ
全長約4cmの幼魚。体がまだ透き通っている。

よくいる場所 ▶	①海面 ②中層・船の下	動き ▶	①常に泳ぎ続けている ②ホバリングしている	カリブの採集場所	三浦・房総半島・西伊豆の漁港

 ## 見つけ方&すくい方

①幼魚は磯の潮だまりに多くいますが、夏は漁港の海面にも群れて現れます。体は銀色でボラ（→49ページ）やイワシの幼魚のように見えますが、旗のような尾びれをピラピラと小刻みに振って泳ぐので、上からでも見分けられるでしょう。止まることなく泳いでいるので、網で上から素早くかぶせるようにすくってみましょう。

②ほとんどの漁港でも見られる魚ですが、暗いところが好きなようで、影になっている角や船の下、橋の下などに多く集まっています。昼間は少し深い場所で群れていて、夜になると海面付近まで上がってきます。通年見られますが、透き通った幼魚に出会えるのは夏の夜ならでは。

 ## カリブの一言
普段は大群で集まっているネンブツダイだけど、産卵前にはペアで寄り添っている姿が見られるよ！

①
8月
9月

101

夏の笛三兄弟
①ヒメフエダイ
②バラフエダイ
③ハマフエフキ
（①②スズキ目フエダイ科・③スズキ目フエフキダイ科）

①

②

③

生態メモ

バラフエダイの幼魚はスズメダイの
仲間そっくりな姿で彼らの群れに混
じります。スズメダイ類は口が小さ
くプランクトン食。それに安心して
近づいてきた小魚を大きな口で捕食
してしまうのです。こうした習性は
「攻撃擬態」と呼ばれます。

①ヒメフエダイ
全長約5cmの幼魚。もう少し成
長すると体は灰色っぽくなる。

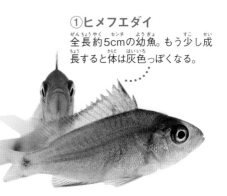

大きくなったら
こうなるよ

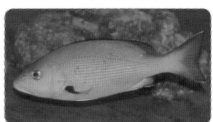

バラフエダイ

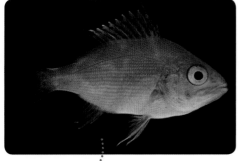

②バラフエダイ
全長約4.5cmの幼魚。ササスズメダイなどに似る。

8月

9月

102

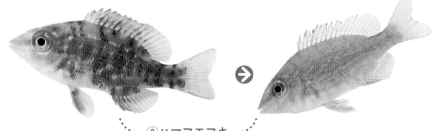

③ハマフエフキ
全長約5cmの幼魚。瞬時に色が変わる。

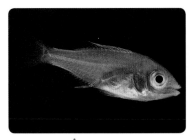
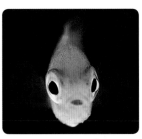

全長約2cmのハマフエフキの稚魚と
思われる。イトフエフキの可能性も。

よくいる場所	▶ 岸壁沿い	動き ▶ 常に泳ぎ続けている	カリブの採集場所	①② 房総半島の漁港 ③ 房総半島・西伊豆の漁港

 見つけ方＆すくい方

①中層の岸壁沿いの大きな海藻の間を、少し泳いでは止まり、また泳いでは止まりを繰り返しています。岸壁沿いにはフエダイの仲間がさまざま現れますが、ヒメフエダイは尾びれが黄色いことで見分けられます。素早いので、海藻に隠れた瞬間を狙って2本の網で挟んでみましょう。

②バラフエダイはあまり海藻には隠れず、貝類が多く付く岸壁沿いでスズメダイ類の群れに紛れ込んでいます。とてもよく似ているので、"違和感"に気付け

るかどうか次第。体は青みがかって見えます。素早いですが、一度逃げても同じ場所に戻ってくることが多いので、あきらめずに待ってみましょう。

③気分によってさまざまな色や模様に変化する魚。岸壁沿いを泳いでいるときは、あまり模様はなく、クリーム色っぽく見えることが多いです。稚魚の頃はほかの魚と見分けがつきにくいですが、目の上端に黒い切れ込みのようなものがあるので、フエフキダイの仲間だと判別できます。

8月

9月

 カリブの一言

ハマフエフキほど色がコロコロ変わる魚は珍しいよ。どんな気分のときにどんな色が出るのか、想像しながら観察してみよう！

8〜9月
クラゲ

岸壁採集での特殊なチェックポイントが "クラゲ"。「お盆を過ぎたらクラゲが増える」と昔からいわれますが、この時期の漁港には確かにさまざまなクラゲが姿を現します。

毒のある彼らには誰も近寄らないかと思いきや、その毒によって身を守る者や、毒を利用して生きている者がいます。自然界のバランスや生き物のたくましさに触れることができる季節です。

くれぐれもクラゲに刺されないよう、十分に気を付けながら、陸上からのぞくからこそ間近で見られる、種の壁を超えた不思議な共生関係を観察してみましょう。

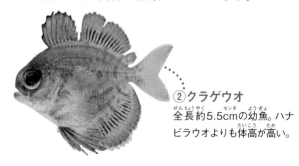

②**クラゲウオ**
全長約5.5cmの幼魚。ハナビラウオよりも体高が高い。

毒をもって敵を制す
幼魚たち その1

①

②

①ハナビラウオ
②クラゲウオ
（①②スズキ目エボシダイ科）

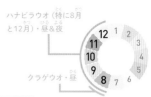

ハナビラウオ（特に8月と12月）・昼&夜

クラゲウオ・昼

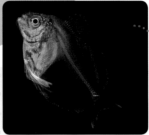

生態メモ

クラゲの毒のある触手に身を投じる勇敢な幼魚たち。触手の間に隠れることで、大きな魚に狙われないようにしているのです。粘膜と免疫で守っているとはいえ、自分も刺されないわけではないので、命がけの選択です。彼らは成長するとクラゲを離れ、深海へと下っていきます。

①ハナビラウオ
全長約6cmの幼魚。クラゲに溶け込めるように体が透き通っている。

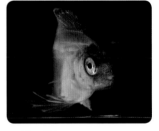

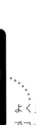

よく見ると頭も透明でコックピットのよう。

よくいる場所 ▶ 海面・クラゲの中	動き ▶ 常に泳ぎ続けている	カリブの採集場所 ▶ ①西伊豆の漁港 ②房総半島の漁港

見つけ方＆すくい方

アカクラゲやユウレイクラゲなど、触手の長い、いかにも刺されたら痛そうなクラゲを探してみましょう。触手の間を注意深く見てみると、透き通った魚が付いているかもしれません。すくうときは要注意。網にクラゲの触手が絡まるとなかなか取れず、忘れた頃にうっかり触れて刺されてしまうことがあります。網の柄でクラゲをそっとどかして、離れたすきにすくうのが安全でしょう。ハナビラウオは12月になるとクラゲに付いていない状態でも夜の漁港に現れます。名前のとおり、桜の花びらが舞い落ちたような姿。逃げないので網で簡単にすくえます。

カリブの一言
見た目は似ているけれど、クラゲウオには一度しか会ったことがないんだ。とっても珍しい魚だよ！

8月
9月
10月
11月
12月

105

毒をもって敵を制す幼魚たち その2

①エボシダイ
②スジハナビラウオ

（①②スズキ目エボシダイ科）

①

②

8
昼

生態メモ

クラゲの中でも特に毒性が強く、電気クラゲとも呼ばれるカツオノエボシ。あえてそこへ隠れる猛者がエボシダイです。敵から身を守ってもらっている立場でありながら、時々触手を食べる行動も観察されているので、なんとも不思議な関係です。ハナビラウオ（→105ページ）と同じく、成長すると深海へ。

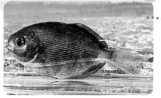

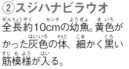

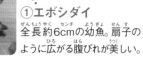

①エボシダイ
全長約6cmの幼魚。扇子のように広がる腹びれが美しい。

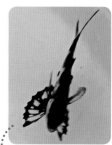

エボシダイを上から見ると、羽が生えているよう。

②スジハナビラウオ
全長約10cmの幼魚。黄色がかった灰色の体、細かく黒い筋模様が入る。

よくいる場所	①海面・クラゲの中 ②流れ藻・クラゲの中	動き	常に泳ぎ続けている	カリブの採集場所	①三浦半島の漁港 ②房総半島の漁港

見つけ方＆すくい方

①夏の漁港には、風向きによってカツオノエボシがどっと入ってくることがあります。とても危険なのであまり近づかないほうがよいのですが、そんな日にエボシダイが現れる可能性があります。上から見て、こんなにも特徴のハッキリした魚も珍しいので、見間違うことはまずないでしょう。扇子のような腹びれは広げたままで、胸びれを羽のよ

うにパタパタ羽ばたかせて泳いでいるのを見たことがあります。カツオノエボシに付いているときは、危険なのですくわずに見るだけにしましょう。
②ハナビラウオに近い仲間なのでクラゲにも付くのですが、どちらかというと流れ藻などの漂流物の下にいる印象です。隠れていると尾びれの先しか見えないので、違和感センサーが試されます。力強く泳ぐ魚ですが、流れ藻ごとすくうと簡単に採集できます。

カリブの一言
カツオノエボシの触手は水色で見えにくく、何メートルも伸びるから絶対に近づかないようにね！

毒をもって敵を制す幼魚たち その3

①カイワリ
②ギンガメアジ
（①②スズキ目アジ科）

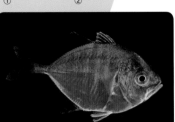

生態メモ

クラゲに付くのはエボシダイ科の魚だけではありません。我々日本人になじみのあるアジの仲間も、幼魚の頃はクラゲと共に泳いでいるんです。その中でも漁港によく現れるのがカイワリとギンガメアジです。

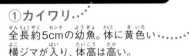

①カイワリ

全長約5cmの幼魚。体に黄色い横ジマが入り、体高は高い。

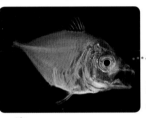

全長約2cm。カイワリの稚魚のあくび。まだシマ模様はない。

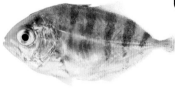

②ギンガメアジ

全長約4.5cmの幼魚。体には太めの黒い横ジマが入る。金色に輝く子と銀色の子とがいる。

よくいる場所	動き	カリブの採集場所
▶ 海面・クラゲの中	▶ 常に泳ぎ続けている	▶ 房総半島・西伊豆の漁港

見つけ方&すくい方

アジの仲間は、触手が短いミズクラゲなどにも付いています。ただ、カイワリもギンガメアジも、漁港ではクラゲも流れ藻もない、何も浮遊物のない海面を単独もしくは小さな群れで泳いでいる姿のほうがよく見られます。太陽光を浴びたアジ類の輝きはまぶしいほど。年にもよりますが、カイワリは12月頃の夜の漁港にも多く現れます。昼間は素早く泳ぎますが、夜は浮かんでいてほとんど逃げないので観察しやすいでしょう。

カリブの一言

カイワリはクラゲだけじゃなくて自分より大きな魚にくっついて泳ぐ習性もあるんだ。引き離されないように一生懸命ついていく姿はとってもかわいいよ！

7月
8月
9月
10月
11月
12月

107

毒を取り込んで敵を制す珍生物
①アオミノウミウシ ⚠毒
②ハナデンシャ
（裸鰓目①アオミノウミウシ科・②フジタウミウシ科）

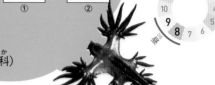

生態メモ

ウミウシといえば岩場をはうイメージですが、アオミノウミウシはおなか側を上にして海面に浮かびます。彼らは毒クラゲに隠れるのではなく、クラゲを食べることで彼らが持つ毒を体内に蓄え、身を守っているのです。ハナデンシャはクラゲとは無縁の生活をしていますが、同時期に漁港に現れます。偏食度合いは負けておらず、クモヒトデしか食べないという変わったウミウシ。彼らは敵に襲われたときに背中を光らせるのですが、その様子はゴジラがエネルギーをためるときにそっくり。

①アオミノウミウシ 全長約1.7cm。メタルバンドのロゴマークのような奇抜な姿。

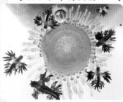

ギンカクラゲに群がる様子。触手を1本食べるのに数秒しかかからない。

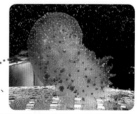

②ハナデンシャ 全長約7cm。顔は幅が広く、感覚器官であるヒラヒラがたくさん並ぶ。

よくいる場所 ▶ 海面	動き ▶ 浮かんでいてあまり動かない	カリブの採集場所 ▶ 房総半島の漁港

8月 9月

 見つけ方＆すくい方

①海面に浮かんでいる状態では見たことがなく、打ち寄せられているところを採集しました。彼らは特にギンカクラゲやカツオノエボシを好むので、それらが風で漁港のスロープ部分に打ち寄せられているところを注意深く探してみましょう。図鑑で調べると青い姿が印象的ですが、2cm未満の小さい個体はどちらかというと銀色っぽく見えます。近くに毒クラゲがいることが多く、本人も毒を蓄えているので、ゴム手袋とやわらかいピンセットがあると安心して採集できます。

②普段海底をはっている状態では、海に潜らないと出会えない彼ら。漁港で、まり状になって浮かんでいるところを探すのがポイントです。泳ぐわけではなく流されてくるので、風下にあたる角のあたりをのぞいて、白地に赤い点々のあるボールを探してみましょう。観察ケースに入れてしばらくすると、体が伸びてきて動く様子を観察できます。

 カリブの一言
どちらもなかなか出会えないレア生物。記録も少ないから、もし見つけたらよく観察してみよう！

イトヒキアジ

（スズキ目アジ科）

生態メモ

背びれと臀びれから自分の体の何倍もの長さの"糸"が伸びるユニークなアジの仲間。クラゲに擬態するためだとも、自分を大きく見せるためだとも考えられています。成長するとたくましい魚になり、糸はなくなります。

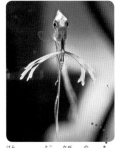
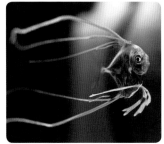

腹びれは横に長く伸びる。

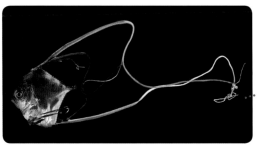

全長約2cmの幼魚。背中にはうっすらとシマ模様が出る。

よくいる場所	▶ 海面	動き	▶ 常に泳ぎ続けている	カリブの採集場所	房総半島・西伊豆の漁港

見つけ方&すくい方

夏から秋にかけて、房総の漁港をのぞくと3〜5匹ほどの群れで海面を泳ぐイトヒキアジをよく見かけます。上から見た姿はアンドンクラゲにそっくり。優雅に泳いでいますが、網を近づけると機敏にターンしてすり抜け、2本で挟もうとすると下へ逃げてしまい、なかなかすくえない魚です。

採集のポイントは、あきらめずに待つこと。深く潜って見えなくなってしまっても、2本の網を動かさずにそのままのポーズでじっと待ってみましょう。けっこう同じ場所に浮上してくるので、そのタイミングで素早く挟みます。遠くへ逃げていかないように、誰かに手伝ってもらって、長い網でおさえておくと、よりすくいやすくなるでしょう。

カリブの一言

糸は絡まりやすく、ちぎれてしまうこともあるから、すくうときには慎重にね！

109

9月（がつ）

枯葉（かれは）＆海面（かいめん）の旅人（たびびと）

紅葉（こうよう）の季節（きせつ）。海面（かいめん）に舞（ま）い落（お）ちる"枯葉（かれは）"に、完璧（かんぺき）に擬態（ぎたい）する生（い）き物（もの）たちがいます。元々海（もともとうみ）にあったものではなく、陸（りく）からやってきた枯葉（かれは）。彼（かれ）らの祖先（そせん）は、そんな漂流物（ひょうりゅうぶつ）を見（み）て、その形（かたち）や意味（いみ）を認識（にんしき）して、自（みずか）らを近（ちか）づけていったのでしょうか——。進化（しんか）の不思議（ふしぎ）を間近（まぢか）で感（かん）じることができます。

この季節（きせつ）は、大海原（おおうなばら）へ出（で）るための旅支度（たびじたく）をする幼魚（ようぎょ）たちも見（み）られます。流（なが）れが穏（おだ）やかで敵（てき）も少（すく）ない漁港（ぎょこう）で育（そだ）ち、泳（およ）ぐ力（ちから）が十分（じゅうぶん）についたら冒険（ぼうけん）の旅（たび）へ。海面（かいめん）で暮（く）らす彼（かれ）らは、下（した）からも上（うえ）からも狙（ねら）われる立場（たちば）。漂流物（ひょうりゅうぶつ）になりきる者（もの）と、海面（かいめん）のきらめきに紛（まぎ）れる者（もの）、その両方（りょうほう）を海鳥（うみどり）の視点（してん）から観察（かんさつ）できる季節（きせつ）です。

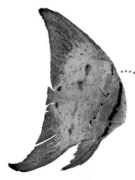

①ナンヨウツバメウオ

全長（ぜんちょう）約（やく）4.5cmの幼魚（ようぎょ）。ひれの先（さき）や体（からだ）の所々（ところどころ）に入（はい）る黒（くろ）い模様（もよう）も、絶妙（ぜつみょう）な枯葉感（かれはかん）を演出（えんしゅつ）する。ひれのねじれ方（かた）まで完璧（かんぺき）な演技（えんぎ）！

①ナンヨウツバメウオ
②ミカヅキツバメウオ
（①②スズキ目マンジュウダイ科）

生態メモ

色、形、泳ぎ方まで完璧に枯葉になりきるナンヨウツバメウオ。成長すると銀色のスペード型の姿に様変わりします。成魚は群れを作りますが、幼魚の頃は単独で浮かんでいます。優雅に見えてとても気性が荒く、幼魚を2匹バケツに入れておくと大ゲンカします。観察するときは単独で！

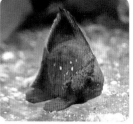

全長約1.3cmのナンヨウツバメウオの稚魚。まだひれが伸びておらず、丸っこい体形。

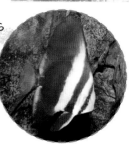

大きくなったらこうなるよ

ナンヨウツバメウオ（若魚）

……②ミカヅキツバメウオ
全長約3.5cmの幼魚。細長い枯れ葉に擬態する。

よくいる場所 ▶	①海面 ②係留ロープ沿い	動き ▶	浮かんでいてあまり動かない	カリブの採集場所 ▶	①三浦・房総半島・西伊豆の漁港 ②西伊豆の漁港

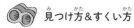

見つけ方＆すくい方

①漁港の海面に枯葉が浮かぶ季節、風下側の角のあたりをのぞいてみましょう。漂流物に寄り添っていることもありますが、多くの場合は何もない海面に堂々と浮いています。擬態の技によっぽど自信を持っているのでしょう。実際、その技には驚くばかり。体を横にして、泳ぐでもなくひれ先をかすかに揺らして浮かぶ姿は、言われなければ枯葉だと思って素通りすることでしょう。海面に浮かんでいるときはあまり逃げないので、長めの網があればすくえます。

②同じ枯葉系でも、ミカヅキツバメウオは海面ではなく中層にいるため、風はあまり関係ありません。係留ロープ沿いを探してみましょう。下へ垂れ下がるロープに寄り添ってピタッと止まっています。ナンヨウツバメウオと比べるとかなり数が少ないので、見つけられたらラッキー！

カリブの一言
一度その存在に気付いてしまうと、次からすべての枯葉がナンヨウツバメウオに見えてくるから困っちゃう！

8月
9月
10月

"枯葉系" 幼魚 その2

①マツダイ
②コシ ョウダイ

（スズキ目①マツダイ科・②イサキ科）

①

②

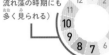

昼（マツダイは流れ藻の時期にも多く見られる）

生態メモ

ナンヨウツバメウオ（→111ページ）が成長すると枯葉でなくなるのに対して、マツダイはあまり姿を変えません。飛び出た目をグリグリ動かして、小魚を見つけると襲いかかるハンターです。特徴的なシマシマと水玉が合わさったオシャレな模様のコショウダイは、稚魚の頃は真っ黒で、フラフラと泳ぐ様子は枯葉や木片に擬態していると考えられています。

①マツダイ
全長約5cmの幼魚。生きているのにどこか標本のような雰囲気。

片目で上を、片目で下を見ている。

全長約1.2cmのマツダイの稚魚。

②コショウダイ
全長約0.8cmの稚魚。頭を斜め下に向けて漂う。

全長約10cmのコショウダイの幼魚。すでに成魚に近い模様が出ている。

全長約4.5cmのコショウダイの幼魚。

7月 8月 9月 10月		
よくいる場所 ▶	①海面・流れ藻の中 ②海面・中層・岸壁沿い	動き▶ ①浮かんでいてあまり動かない ②常に泳ぎ続けている

カリブの採集場所 ▶	三浦・房総半島・西伊豆の漁港

見つけ方＆すくい方

①体を海面と平行にして浮かんでおり、探し方はナンヨウツバメウオと同じですが、マツダイは流れ藻の縁あたりにも多く隠れています。茶色い子が多いですが、時々金色に輝く子も。ものすごく目立ちますが、不思議とそれも枯葉らしく見えます。

②稚魚は風のある日に漁港の隅に大群で現れます。真っ黒でひれも小さく、フラフラと漂っているので、魚には見えず、ゴム片などのゴミのように見えます。5cmくらいまでは海面に浮かぶ姿を見ますが、それ以上になると岸壁沿いをヒラヒラと泳ぐようになります。さほど速くはありませんが、遠くにいることも多いので、長い網があると便利です。

カリブの一言
マツダイは古代魚のような風格から、シーラカンスに似ているという声もよく聞くよ！

112

まるでハチドリ！？
パタパタ系
スズメダイの仲間
（スズキ目スズメダイ科）

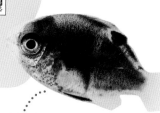

生態メモ

イシガキスズメダイ属のように体高の高いタイプのスズメダイは、一部の種類が稚魚の頃に大きな胸びれを持っています。浮力を保つためにひれを大きくする稚魚は多くいますが、彼らの場合はそれをハチドリのように一生懸命パタパタ羽ばたかせるのです。

全長約1.5cmのハクセンスズメダイの稚魚。背中の後方に暗色斑がある。

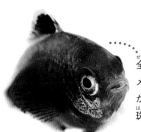

全長約1.7cmのセダカスズメダイの稚魚。顔から背中にかけて緑色で、背びれに暗色斑がある。

実際はこのくらい

約1.7cm
（セダカスズメダイの稚魚）

全長約1.7cmのイシガキスズメダイと思われる稚魚。背びれに暗色斑があり、おなかは赤みがかる。

よくいる場所 ▶ 海面	動き ▶ 常に泳ぎ続けている	カリブの採集場所 ▶ 房総半島の漁港

見つけ方＆すくい方

夜の漁港で、浮遊物も何もない海面を泳いでいます。風の状態にあまり関係なく現れる印象ですが、泳ぐ力はさほど強くないので、陸から海に向かう風が吹いているときは、場所を変えたほうがいいでしょう。上から見てもパタパタ動く胸びれが目立つので、すぐにこの仲間だと分かります。一生懸命泳いでいますが、速くはないので簡単にすくえます。

カリブの一言
彼らの魅力は正面から見たときの姿。胸びれを高速で羽ばたかせる様子を観察してみよう！

113

流線形縦ジマ魚の代表

①コトヒキ
②ヒメコトヒキ・③シマイサキ

（①②③スズキ目シマイサキ科）

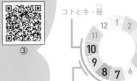

コトヒキ・昼

12 1 2
11 3
10 4
9 5
8 7 6

ヒメコトヒキと
シマイサキ・昼

生態メモ

シマイサキ科に属する3種。彼らは浮き袋に「発音筋」という筋肉を持っており、これを振動させることで音を出します。コトヒキはこれを琴の音に例えて名付けられましたが、実際は琴というより「グゥグゥ」といった音です。コトヒキは食性も変わっていて、大きな魚のうろこを食べる"スケールイーター"として知られています。

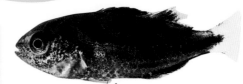

①コトヒキ
全長約1.5cmの稚魚。まだシマ模様がハッキリせず全体的に黒っぽい。

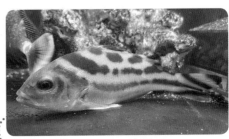

全長約12cmのコトヒキの若魚。弧のようなシマ模様が現れる。

実際はこのくらい

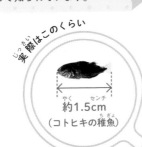

約1.5cm
（コトヒキの稚魚）

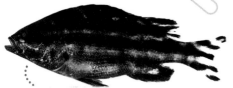

②ヒメコトヒキ
全長約5cmの幼魚。こちらも成長と共にシマ模様がハッキリしていく。

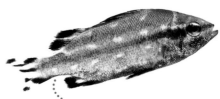

全長約5cmのヒメコトヒキの幼魚。こんな模様になることも。

7月
8月
9月
10月

114

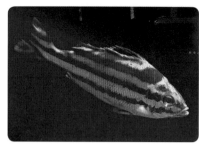

全長約10cmヒメコトヒキの若魚。シマ模様がコトヒキより直線的。

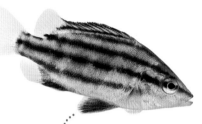

③シマイサキ

全長約4cmの幼魚。ヒメコトヒキとは背びれの形やシマの細さ、尾びれに模様がないことで見分けられる。

よくいる場所	①海面・岸壁沿い ②海面・流れ藻の中 ③岸壁沿い	動き	常に泳ぎ続けている	カリブの採集場所	①③三浦・房総半島・西伊豆の漁港 ②房総半島・西伊豆の漁港

 見つけ方＆すくい方

①漁港で最も多く見られるのは1.5cmほどの稚魚。風がない日にも現れ、海面をスイ〜っと泳いでいる黒っぽいきゃしゃな魚は、ほとんどがコトヒキかメジナ（→49ページ）といえるほどです。この2種を上から見分ける方法は、単独でいるか群れでいるか。コトヒキの稚魚は流れ藻や浮遊物の間に1匹だけで浮かんでいます。

②流れ藻の中に隠れていたり、海面で頭を斜め下に向けた独特のポーズで泳いでいたりするヒメコトヒキは、上からでも尾びれの模様が目立ちます。単独で遠くにいることが多いので、長めの網を使うことをオススメします。

③ほかの2種と比べるとやや中層の岸壁沿いに群れでいる印象です。素早いので網を2本使って挟んでみましょう。

 カリブの一言

近い仲間でもシマの入り方がそれぞれ個性的だから、模様の特徴を観察してみよう！

7月

8月

9月

10月

115

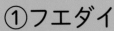

秋の笛四兄弟

①フエダイ
②クロホシフエダイ
③ニセクロホシフエダイ
④ゴマフエダイ

（①②③④スズキ目フエダイ科）

生態メモ

夏の漁港にはバラフエダイ（→102ページ）など少し南方の種類が現れますが、秋になるとより日本になじみの深いフエダイたちが元気に泳ぎ回ります。彼らは大きな口でエサをよく食べ、成長が早いためか、同じ時期にいろいろな大きさの個体が見られるという特徴があります。

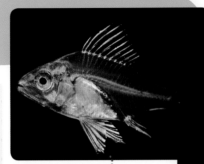

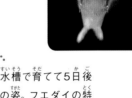

①ヒメコトヒキ

全長約2cmの稚魚。淡く黄色がかった透明な体が美しい。

水槽で育てて5日後の姿。フエダイの特徴である背中の白い点がうっすらと出た。

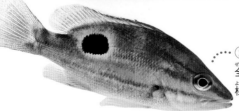

②クロホシフエダイ

全長約8cmの幼魚。茶色の縦ジマ模様と背中の大きな暗色斑が特徴。

8月
9月
10月
11月

116

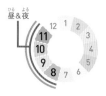
昼&夜

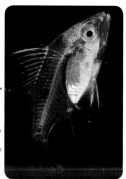

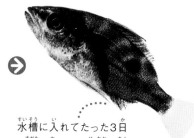

③ ニセクロ
ホシフエダイ
全長約1.8cmの稚魚。フ
エダイとは背びれのトゲ
の長さや体高が違う。

水槽に入れてたった3日
で姿を変えた。背中に暗
色斑が出始める。

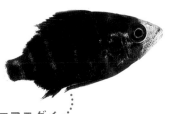

④ ゴマフエダイ
全長約2cmの稚魚。ほかのフエダイ類と比
べて黒っぽいことが特徴。

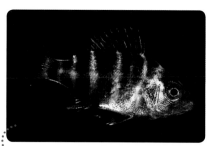

全長約3cmのゴマフエダイの幼魚。横ジマ
模様がハッキリしてくる。

よくいる 場所 ▶	①②③海面・岸壁沿い ④海面・流れ藻の中・岸壁沿い	動き ▶	常に泳ぎ 続けている	カリブの 採集場所 ▶	房総半島の漁港

 見つけ方&すくい方　秋のフエダイた
ちは、稚魚は夜
に海面に、幼魚は昼に岸壁沿いに多く現れます。エ
サのプランクトンを求めて海面を漂う頃の透明な稚
魚は、硬そうな体を無理やり曲げたような不自然な
「く」の字になって斜め方向に泳いでいる姿をよく見

かけます。この時期は網で簡単にすくえるのですが、
成長して岸壁沿いをスイスイ泳ぐようになると、途
端に素早くなります。ゴマフエダイだけは少し違っ
た動きを見せ、ある程度の大きさでも流れ藻に付い
ていることも。5cmほどに成長したゴマフエダイは
ひれの先がオレンジ色になるので、上からでもよく
目立ちます。

 カリブの一言
この仲間は稚魚の頃はよく似ているから、興味があったら見
分け方のヒントになる「計数形質」について調べてみよう！

8月

9月

10月

11月

117

海面に光る高速幼魚
①コバンアジ
②イケカツオ

（①②スズキ目アジ科）

①

②

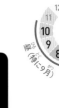

旬（主に9月）
12 1 2
11 3
10 4
9 5
8 7 6

生態メモ

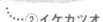

どちらも個性的な体形に成長するメタリックな魚。ややこしい名前のイケカツオも、カツオではなくアジの仲間です。成魚はルアー釣りで人気の魚ですが、彼らは小さい頃からすごい運動量で、漁港の海面に活気を与えています。

①コバンアジ
全長約3cmの幼魚。背びれと臀びれの前端が伸び始めている。

②イケカツオ
全長約4cmの幼魚。体の背中側半分にはうっすらと黒い斑点が現れる。

**大きくなったら
こうなるよ**

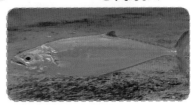

イケカツオ

よくいる場所	動き ▶ 常に泳ぎ続けている	カリブの採集場所
①海面 ②海面・流れ藻の中		房総半島の漁港

見つけ方＆すくい方

①ボラ、イワシの仲間、ギンユゴイ（→49、52、101ページ）……漁港の海面では、さまざまな"メタリック幼魚"に出会えますが、中でもダントツに高速で泳いでいるのがこのコバンアジの幼魚。顔が丸っこくて体形がずんぐりしている銀色の魚を探すのですが、何より圧倒的な運動量を見せる子を探せば、自然と目にとまるでしょう。すくうときは、追いかけるよりも海面上から網を振り下ろすイメージで挑戦してみましょう。
②コバンアジが銀色系メタリックならば、イケカツオは黄色系メタリック。スマートな体形でスイスイ泳いでいますが、流れ藻の縁やちょっとした浮遊物に寄り添っているときはほぼ停止しているので、すくうのは簡単です。

カリブの一言
コバンアジは観察ケースの中でも容赦なく泳ぎ回るので、観察も一苦労。僕はいまだにうまく写真が撮れていないんだ。

7月
8月
9月
10月

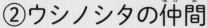

右向き？ 左向き？
①ササウシノシタの仲間
②ウシノシタの仲間
（カレイ目①ササウシノシタ科・②ウシノシタ科）

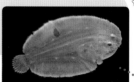

生態メモ

「左ヒラメの右カレイ」という言葉があるように、ヒラメとカレイは一般に背びれを上にしたときの顔の位置が逆になっています。同じことがウシノシタと呼ばれる魚たちにも起きていて、ササウシノシタ科の魚は右向き、ウシノシタ科の魚は左向きになっています。成長すると着底する彼らも、秋に現れる稚魚は"海面の旅人"。夜の漁港を優雅に舞います。

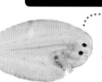

①ササウシノシタの仲間
全長約1.5cmの稚魚。体は白っぽく、顔に小さな斑点がある。

ウシノシタの仲間の稚魚。裏側の写真。

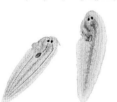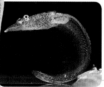

②ウシノシタの仲間
全長約1.5cmの稚魚の表側。薄く黄色がかった透明な体に黒い「色素胞」が散らばる。

時々表側を外にして、「C」の形に丸まる行動が見られた。

大きくなったら こうなるよ

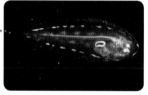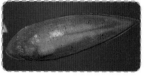

クロウシノシタ

よくいる場所 ▶ 海面	動き ▶ 常に泳ぎ続けている	カリブの採集場所 ▶ 房総半島の漁港

見つけ方&すくい方
夜、体を小刻みに震わせながら海面をピラピラと泳いでいます。底のほうから上がってくるためか、あまり風に関係なく現れる印象です。街灯の光や月光を浴びたササウシノシタ類の稚魚は、白っぽい色といい丸っこい形といい、桜の花びらのように見えるでしょう。ウシノシタ類の稚魚も探し方は同じですが、こちらは細長いため、一見縦向きに泳ぐ普通の魚のように見えるかもしれません。

カリブの一言
彼らも生まれたばかりの頃は、多くの魚と同じように体の左右に目が付いているんだよ。それが成長と共に片側に寄っていくんだ！

岸壁沿いの主
①クエ・②カエルウオ
（スズキ目 ①ハタ科・②イソギンポ科）

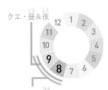

クエ・昼&夜

12 1 2 3 4 5 6 7 8 9 10 11

9 8

カエルウオ・昼

生態メモ

9月に面白いのは、海面だけではありません。岸壁沿いをのぞいてみると、ユニークな魚たちが穴から顔を出しています。大きな口で手当たり次第小魚を飲み込んでいく岸壁の主・クエ。成長すると1.5メートルにもなる巨大魚で、メスからオスに性転換します。壁面に生えたコケを一日中食べているカエルウオも、食欲旺盛な、ある種の主かもしれません。

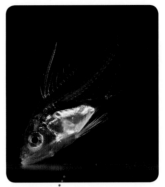

①クエ
全長約2cmの稚魚。背びれの第2棘が長く伸びるのが、ハタ類の稚魚の特徴。

8月

9月

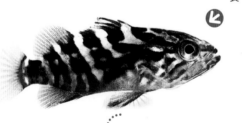

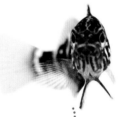

成長がとても早く、たった5日でここまで姿を変えた。

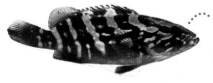

全長約13cmのクエの幼魚。まだ横ジマ模様がハッキリしているが、成長と共にぼやけていく。

実際はこのくらい

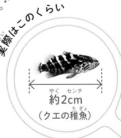

約2cm
（クエの稚魚）

120

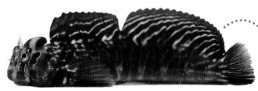

②カエルウオ

全長約9cmの成魚。まつ毛のような皮弁のほか、頭にトサカのような大きな皮弁がある。

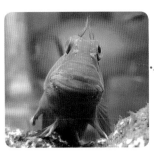

カエルウオの正面顔は漫画のキャラクターのよう。この幅広い口でコケをかじりとる。

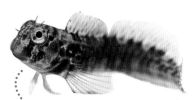

全長約2.5cmのカエルウオの幼魚。

| よくいる場所 ▶ | ①海面・岸壁沿い
②岸壁沿い | 動き ▶ | ①壁面の隙間に隠れている
②壁面に貼り付いて動いている |

| カリブの採集場所 | 房総半島の漁港 |

 見つけ方＆すくい方

①透明な稚魚は夜の海面に現れますが、漁港で見かけるクエの多くは岸壁沿いのコンクリートの隙間やくぼみに隠れて顔だけを出しています。その状態で網を近づけても奥へ引っ込んでしまうので、少し離れたところに網を構えておいて根気よく待ち、ひょこっと飛び出てきた瞬間を狙ってみましょう。

②カエルウオは磯に多くいる魚ですが、漁港でも比較的平らな壁面や階段状になった部分などに時々姿を現します。日中はずっとコケを食べていますが、気付かれるとすぐに近くの穴に逃げ込んでしまいます。2本の網をそっと近づけて、挟みながら下からすくい上げましょう。

 カリブの一言

観察ケースで見るよりも、海の中にいる姿を見るほうが楽しい魚たちだよ。すくう前に、どんなふうにエサを食べているのか上から観察してみよう！

121

10月
がつ

秋風
あきかぜ

　秋の天候は気まぐれ。時折強い"秋風"が吹きます。この時期に漁港で多く見かけるのが、ずんぐり体形の幼魚たち。丸々とした体に小さなひれの、いかにも泳ぎが苦手そうな子たちが、風に流されて漁港の角にたまるのです。流されても、流されても、一生懸命ひれを動かして逆らおうとする、でも流される。そんなけなげな姿を観察すると、広い海で生きる幼魚たちの壮大な旅に思いをはせ、応援したくなります。

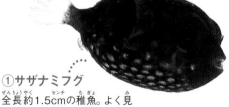

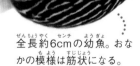

①サザナミフグ
全長約1.5cmの稚魚。よく見るとおなかに白い斑点がある。

全長約6cmの幼魚。おなかの模様は筋状になる。

泳ぐ黒豆
①サザナミフグ ⚠毒
②ワモンフグ ⚠毒
③スジモヨウフグ ⚠毒
（①②③フグ目フグ科）

①
②

③

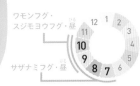

ワモンフグ・
スジモヨウフグ・昼

サザナミフグ・昼

生態メモ

モヨウフグ属の魚たちは、成長すると色も模様も個性豊かになりますが、稚魚の頃は皆一様に"黒豆"のような姿をしています。とても強い歯を持つ魚たちで、成魚はビール瓶をかみ割ってしまうことも！ 内臓に毒を持つだけでなく、皮膚からも毒を出す種類もいます。

②ワモンフグ

全長約1.3cmの稚魚。サザナミフグによく似ているが、体の黒色が若干薄く、白い斑点は小さめ。

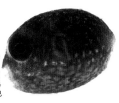

全長約8cmのワモンフグの幼魚。斑点と輪っか状の模様が入り混じる。

③スジモヨウフグ

全長約1.5cmの稚魚。ほかの2種と比べて体が黄色っぽく、尾びれの縁がうっすら黒くなることが特徴。

全長約3cmのスジモヨウフグの幼魚。おなかと背中に黒く細かい筋状の模様が出始める。

よくいる場所	▶海面	動き	漂うようにゆっくり泳いでいる	カリブの採集場所	三浦・房総半島・西伊豆の漁港

見つけ方&すくい方

風下側の角のあたりで、風で流されてきた浮遊物の間を探してみましょう。ほとんどの場合、尾びれを曲げて体にぴったりくっつけているため、上から見ると真ん丸の黒豆のように見えます。

小さなひれを小刻みに動かして海面をスイ〜っと移動していますが、スピードはゆっくりなのでプラコップだけでもすくえてしまいます。関東近海の漁港に現れる多くはサザナミフグ。その内20匹に1匹くらいの割合でほかの2種が混じっています。

カリブの一言

これまで何度も見てきた僕も、育ててみないとまだ種類を確定できないくらい似ているよ。黒豆の段階で見分けられるようになったら魚博士だ！

7月
8月
9月
10月

123

泳ぐサイコロ
①ミナミハコフグ ⚠毒
②ハコフグ ⚠毒
（①②フグ目ハコフグ科）

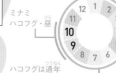

ミナミ
ハコフグ・昼
10時

ハコフグは通年
（幼魚は7〜10月）・昼

生態メモ

速く泳ぐことが苦手なハコフグの仲間。代わりに全身を硬い骨格で覆い、さらに「パフトキシン」という毒を出すことで身を守っています。幼魚の頃は黒目と同じくらいの大きさの点を全身にまとうことで、本物の目の位置を分かりにくくして、攻撃を避けていると考えられています。

①ミナミハコフグ

全長約1.5cmの幼魚。どちらが前か分かりにくい姿をしているのも、目を守るため。

全長約2.5cmのミナミハコフグの幼魚。いびつだった形がサイコロに近づいてくる。

大きくなったら
こうなるよ

ミナミハコフグ

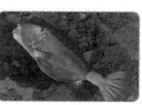

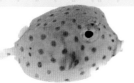

②ハコフグ

全長約2.5cmの幼魚。全身の点が黒目より小さいことと、背中側に青白い斑点が混じることでミナミハコフグと見分けられる。

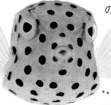

全長約6cmハコフグの幼魚。黒点が小さくなり、青白い斑点が大きくなる。

よくいる場所	岸壁沿い	動き	漂うようにゆっくり泳いでいる	カリブの採集場所	三浦・房総半島・西伊豆の漁港

見つけ方&すくい方

モヨウフグ属のフグたち（→123ページ）と同じく、風下側の角に浮かんでいます。ハコフグの仲間は四角いイメージですが、幼魚は丸っこく、上から見ると黄色い小さな球のように見えます。海面すれすれを泳いでいますが、ひれを一生懸命小刻みに動かしているものの、ほぼ見えないくらい小さいため、波紋を頼りに探すのは難しいかもしれません。ミナミハコフグやハコフグは岸壁沿いの深めの海藻の間でホバリングしていることも。漁港では、立派に成長したハコフグの成魚も一年を通して見ることができます。

カリブの一言
小さくても毒は強力。観察するときはほかの魚と一緒に入れないように気を付けよう！

9月
10月

124

①シマウミスズメ🦠毒
②コンゴウフグ🦠毒

（①②フグ目ハコフグ科）

① ②

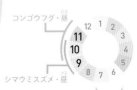

コンゴウフグ・昼

```
       12  1
   11        2
  10          3
   9          4
      8  7  6  5
```

シマウミスズメ・昼

生態メモ

立派な角を持ち、ハコフグの仲間の中でも独特の姿に成長する2種。コンゴウフグが成長すると角が生えてくるのに対し、シマウミスズメは小さな頃から角やトゲを持っています。正面から見たときの台形といい、浮遊感といい、どことなくSF映画に出てくる宇宙船のよう。体表からから「パフトキシン」という毒を出します。

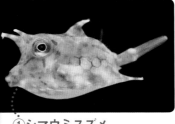

①シマウミスズメ
全長約4.5cmの幼魚。おなかを除く全身に不規則な青い模様が入る。

おなかは丸みを帯びていて幅が広い。

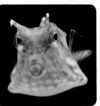

②コンゴウフグ
全長約1.7cmのコンゴウフグの幼魚。目立った角や模様はなく、ハコフグよりもゴツゴツしている。

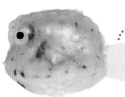

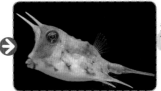
大きくなったらこうなるよ
コンゴウフグ

よくいる場所	動き	カリブの採集場所
▶ 岸壁沿い	▶ 漂うようにゆっくり泳いでいる	▶ ①房総半島の漁港 ②三浦・房総半島・西伊豆の漁港

見つけ方＆すくい方

コンゴウフグの見つけ方はミナミハコフグ（→124ページ）と同じですが、シマウミスズメは風で流されて海面に浮かんでいることよりも、岸壁沿いにくっついている姿をよく見かけます。上から見ても立派なトゲが目立つので、見間違えることはないでしょう。ある程度成長した子が多いためか、油断していると瞬時に身をひるがえして逃げられてしまいます。ずんぐりした体で海面からジャンプすることもあるので、最後まで気を抜かずに確実にすくい上げましょう。

カリブの一言
ひれを器用に動かして後ずさりする姿が見られるかも！

9月
10月
11月

125

目力ナンバーワン！
①クルマダイ
②キントキダイの仲間

（①②スズキ目キントキダイ科）

生態メモ

海面付近を漂っている稚魚の頃は黒い体をしており、成長して深場に移動するにしたがって、赤くなっていきます。暗い海の中でもよく見えるように大きな目をしており、上を向いた大きな口で、獲物を下から飲み込みます。

①クルマダイ

全長約1.3cmの稚魚。体に対する目の割合が成魚以上に大きい。エラには長く鋭いトゲがあり、口も大きいため、いかつい顔をしている。

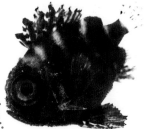

全長約4cmのクルマダイの幼魚。体に白い横ジマ模様、尾びれに黒い斑点模様が出る。

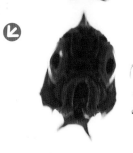

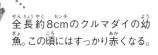

全長約8cmのクルマダイの幼魚。この頃にはすっかり赤くなる。

9月

10月

11月

126

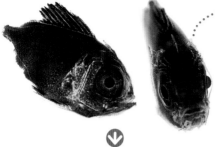

②キントキダイの仲間

全長約1.5cmの稚魚。背びれが大きく、腹びれが黒いことなどから、ホウセキキントキと思われる。

実際はこのくらい

約1.5cm
（キントキダイの仲間の稚魚）

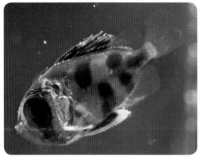

落ち着いたら体に大きな斑紋が現れた。

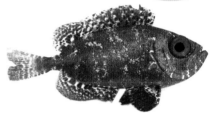

全長約7cmのゴマヒレキントキの幼魚。

よくいる場所 ▶	①海面 ②海面・岸壁沿い	動き ▶	常に泳ぎ続けている （キントキダイの幼魚はホバリングしている）

カリブの採集場所 ▶	①三浦・房総半島・西伊豆の漁港	②房総半島の漁港

 見つけ方＆すくい方

①昼間、サザナミフグ（→123ページ）など"黒豆系"稚魚に混じって風下の海面に浮かんでいます。真っ黒なので魚だと認識しづらいですが、フグ類と比べるとややスピードを出して泳いでおり、上から見るとエラから長く伸びるトゲがものすごく目立つので、違和感を察知できると思います。網で簡単にすくえますが、トゲが網目に引っ掛かりやすいので弱らないように慎重にすくいましょう。成長すると深場に移動するためか、漁港では真っ黒な稚魚にしか出会ったことがありません。

②キントキダイ類の稚魚は横から見ると体高が低いですが、やはりエラのトゲが目立ち、上から見るとクルマダイによく似ています。写真の子も夜の漁港でクルマダイだと思ってすくいました。5〜10cmほどの赤くなった幼魚は、夕方から夜にかけて中層の岸壁沿いに現れます。ひれを動かさず不自然なほどピタッと止まっているので素通りしがちですが、その分気付くことさえできれば簡単にすくえます。

 カリブの一言

時々すべてのひれを大きく開いてあくびをすることがあるよ。見られたらラッキー！

127

プランクトンから ベントスに早変わり
カサゴの仲間
（スズキ目フサカサゴ科）

12 1 2 3 4 5 6 7 8 9 10 11
夜

生態メモ

秋の夜の漁港には、風に運ばれてきたフサカサゴ科、特にオニカサゴ属と思われる透明な稚魚が浮かんでいます。大きな胸びれで表層を浮遊していますが、観察しているとたった数日で着底して色が付き、底生生活（ベントス）になります。

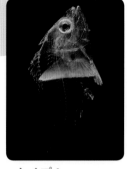

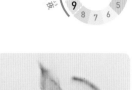

●タイプA
全長約1.2cmの稚魚タイプA。大きな胸びれは黄色くて縁が黒っぽい。

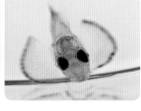

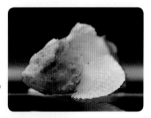

タイプAは6日後、白いサツマカサゴのような姿になった。

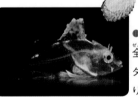

●タイプB
全長約1.3cmの稚魚タイプB。タイプAよりも背びれが大きい。

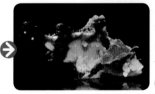

タイプBは4日後、オニカサゴやウルマカサゴに近い姿になった。

よくいる場所 ▶ **海面**	動き ▶ 浮かんでゆっくり泳いでいる	カリブの採集場所 ▶ **房総半島の漁港**

見つけ方&すくい方
夜、風下側の角の海面に現れる彼らは、頭を斜め上に向けてこちらへ向かってくるので、多くの場合、正面顔を見ることになります。

大きな黄色い胸びれを「モサッモサッ」と音がしそうなほど大げさに羽ばたかせて泳いでくるので、暗い海面でも見つけやすいでしょう。

カリブの一言
似た姿をした仲間がとても多くて、稚魚の専門書を見てもなかなか種まで同定することが難しいグループだよ。

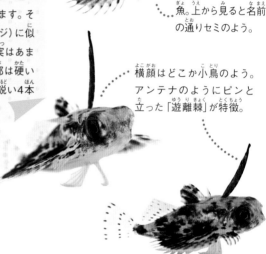

上から見ると昆虫、横から見ると小鳥
セミホウボウ
（スズキ目セミホウボウ科）

生態メモ

海底の砂地を歩くように移動し、敵が近づくと大きな胸びれを広げて威嚇します。その生態も、姿もホウボウ（→45ページ）に似ていますが、体の構造は異なり、実はあまり近い仲間ではないようです。頭部は硬い骨格で覆われ、特に幼魚では太く鋭い4本のトゲが後方へ伸びています。

全長約4.5cmの幼魚。上から見ると名前の通りセミのよう。

横顔はどこか小鳥のよう。アンテナのようにピンと立った「遊離棘」が特徴。

正面顔は真四角。

よくいる場所 ▶ 海面	動き ▶ 常に泳ぎ続けている	カリブの採集場所 ▶ 房総半島・西伊豆の漁港

見つけ方&すくい方

幼魚は胸びれを広げたまま海面を泳いでいます。昼に現れることもありますが、夜のほうが出会える可能性が高いでしょう。彼らが現れるタイミングは、風に流されてというより、満ち潮のときに海水と一緒に漁港に入ってくるという印象です。上から見たときの昆虫っぽさはアヤトビウオ（→75ページ）などに似ていますが、トビウオ類は羽が前後に2枚ずつ見えるのに対し、セミホウボウは大きな1枚の羽なので見分けられます。泳ぎはゆっくりなのでいとも簡単にすくえるでしょう。

カリブの一言
角度によって印象がまるで違うから、いろんな方向から観察してみよう！

10月

129

どう猛な本性を隠すほほ笑み
①ニセクロスジギンポ
②テンクロスジギンポ
（①②スズキ目イソギンポ科）

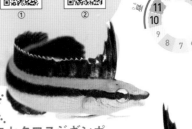

生態メモ

クリーナーフィッシュであるホンソメワケベラ（→97ページ）にそっくりな姿をしていることで、大きな魚に食べられないよう身を守っているニセクロスジギンポ。この仲間はニジギンポと同様、見た目をうまく利用して魚に近づき、うろこやひれをかじりとる習性があり、テンクロスジギンポは特にその傾向が強いようです。

①ニセクロスジギンポ
全長約5cmの幼魚。背びれの前端が伸びるのが幼魚の特徴。

口には鋭いキバがチラリ。

海面に浮かんでいるときのニセクロスジギンポは、こんな色だった。

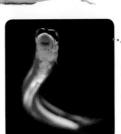

一見、にっこりほほ笑み顔だが、実際はかじるのに適した特殊な口をしている。

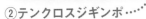

②テンクロスジギンポ
全長約4.5cmの幼魚。体の側面にある黒い線が、よく見ると点がつながっているように見えることが名前の由来。

よくいる場所 ▶ 海面	動き ▶ 常に泳ぎ続けている	カリブの採集場所 ▶ 房総半島の漁港

見つけ方＆すくい方

成長すると中層を泳いだり岩穴から顔を出したりする彼らですが、幼魚の頃は海面に浮かんで風に流されてきます。体を「し」の字に曲げてスイ〜っと泳ぐニセクロスジギンポと、大きくくねらせて泳ぐテンクロスジギンポ。どちらも浮遊物に寄り添うでもなく何もない海面に堂々と現れるので遠くからでもよく目立ちますが、あまり足元にはいないので長い網が必要です。それなりに素早く逃げることもあるので、長い網の取り回しに苦戦するかもしれません。

カリブの一言
ほかの生き物に似せて生きている魚は多いけれど、ニセクロスジギンポの成魚とホンソメワケベラのそっくり度合いは群を抜いているよ！

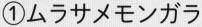
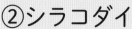

洋風美人 vs 和風美人
①ムラサメモンガラ
②シラコダイ
（①フグ目モンガラカワハギ科・②スズキ目チョウチョウウオ科）

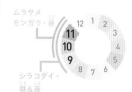

ムラサメ
モンガラ・昼
シラコダイ・
昼&夜

生態メモ

画家が油絵で描いたのではないかと思わせる独創的な柄のムラサメモンガラ。ほかのモンガラカワハギ類より少し遅れて、黄金に輝く稚魚が漁港に現れます。鮮やかな黄色が多いチョウチョウウオ類の中で、異質な渋さを漂わせるシラコダイ。英名にも学名にも「日本」が入っており、和風の美を感じさせます。

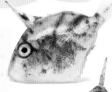

①ムラサメモンガラ
全長約2.5cmの稚魚。黄金に輝く体に、目の間の黒い筋模様と体の後半にある「く」の字の模様が特徴。

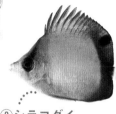

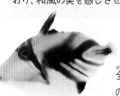

全長約4cmのムラサメモンガラの幼魚。すでに成魚とほぼ同じアーティスティックな柄が出ている。

②シラコダイ
全長約5.5cmの幼魚。ほかのチョウチョウウオ類と比べると、背びれのトゲが長い。

よくいる場所 ▶	動き ▶ 常に泳ぎ続けている	カリブの採集場所 ▶ 房総半島の漁港
①海面・岸壁沿い ②岸壁沿い		

 ### 見つけ方＆すくい方

モンガラやクラカケモンガラ（→93ページ）と同じ。しかし、上からの見え方はだいぶ違っており、前2種とは比べものにならないほどメタリックな黄金に輝いています。晴れている日であれば、恐らく見過ごすことはないでしょう。この浮かんでいる時期の稚魚は簡単にすくえるのですが、少し成長して柄が出た幼魚になると、岸壁沿いに移ります。こうなると、すぐに貝の隙間などに

①探す場所やすくい方はキヘリ

隠れてしまうため、網2本を構えて腹ばいになって1時間くらい粘ることになるかもしれません。
②昼間はほかのチョウチョウウオ類（→91ページ）と同じように岸壁沿いの中層を泳いでいて、素早く逃げるので慣れないうちはすくうのに苦戦するでしょう。しかし夜になると壁面のくぼみに貼り付いて寝ていることがあるので、そのタイミングを狙うといとも簡単にすくえます。

カリブの一言
自然が生んだ絶妙な柄。僕が特に芸術性を感じる2種だよ！

9月
10月
11月

131

イットウダイの仲間
（キンメダイ目イットウダイ科）

通年（特に9〜10月）・夜

12 1 2 3 4 5 6 7 8 9 10 11

生態メモ

昼間は岩陰などの暗い場所に隠れていて、夜になるとエサを求めて浅瀬に姿を現すイットウダイの仲間。種類が多く、皆よく似ているので、種を同定するのは簡単ではありません。

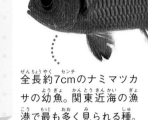

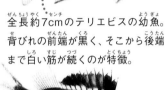

全長約7cmのナミマツカサの幼魚。関東近海の漁港で最も多く見られる種。

全長約7cmのテリエビスの幼魚。背びれの前端が黒く、そこから後端まで白い筋が続くのが特徴。

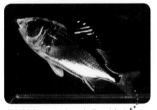

全長約2.8cmの稚魚。頭部がとがるこの時期は「リンキクチス期」と呼ばれる。

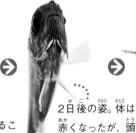

2日後の姿。体は赤くなったが、頭部はまだとがる。

約半月後の姿。クロオビエビスかアヤメエビスだと思われる。

よくいる場所	▶ 岸壁沿い・海面	動き	▶ 常に泳ぎ続けている	カリブの採集場所	▶ 房総半島・西伊豆の漁港

見つけ方&すくい方

日が暮れると漁港の足元の雰囲気はガラリと変わります。その指標の1つがイットウダイの仲間の登場。昼間は姿が見えないのに、夜の漁港には数メートルおきくらいの間隔で彼らが泳いでいます。岸壁沿いの少し深いあたりを、右へ行ったり左へ行ったりを繰り返す様はまるで自分の縄張りをパトロールしているよう。動きが止まらないのですくうのは簡単ではありませんが、岸壁沿いから離れることはほぼないので、網2本で根気よく挟みましょう。「リンキクチス期」の稚魚はめったに現れませんが、海面をゆっくり泳いでいるので簡単にすくえます。

カリブの一言

リンキクチス期の稚魚にはこれまで1度しか出会ったことがないよ。銀色で頭がとがっていて背びれが大きいから、上から見て一瞬カジキの仲間かと思ったんだ。

まるで地底怪獣
①ヒメセミエビ
②ゾウリエビ
（①②十脚目セミエビ科）

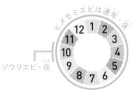

ヒメセミエビは通年・夜

12 1 2
11　　　3
10　　　4
9　　　5
8 7 6

ゾウリエビ・夜

生態メモ

形も大きさもセミによく似たヒメセミエビ。平たい姿が草履のように見えるゾウリエビ。どちらも普段は尾びれをおなか側に曲げて歩いています。顔の左右に大きな板状のものが飛び出していますが、これは触角が変化したもの。

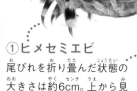

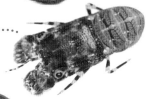

①ヒメセミエビ
尾びれを折り畳んだ状態の大きさは約6cm。上から見た姿はセミそのもの。

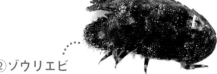

②ゾウリエビ
尾びれを折り畳んだ状態の大きさは約7cm。よく見るとさまざまな色彩が入り混じっている。

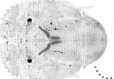

5.5cmの透明なゾウリエビの「ニスト幼生」。体の縁に並ぶトゲトゲがまだカバーを被っている。

よくいる場所	岸壁沿い・海面	動き ▶ 貼り付いて動かない	カリブの採集場所 ▶ 房総半島・西伊豆の漁港

 見つけ方＆すくい方

夜の岸壁沿いを注意深くのぞくと、光を反射してエビたちの目が光ります。多くはイソスジエビやサラサエビ（→53ページ）ですが、その中で一際大きな目を見つけたら、この2種かもしれません。彼らは体もがっしりしていて透き通っていないので、上からでも全身を目視できるでしょう。すくい方はサラサエビと同じです。めったに現れませんが、透明な「ニスト幼生」は海面付近を漂っています。

②

10月

 カリブの一言
ペラペラの宇宙人のような「フィロソーマ幼生」から、親と同じ姿だけど透明な「ニスト幼生」を経て成体になる彼ら。激しい変態過程が面白いよ！

10〜11月
仮装

　海面に浮かんでいた枯葉や流れ藻が少なくなり、冬に育った海藻も減ってくるこの時期、漁港で見られる生き物たちの身の隠し方が変わります。

　隠れ家に寄り添うタイプの擬態ではなく、自らの気配を消すタイプの擬態が見られるようになります。それはまるで忍者のよう。ある者は透明になり、ある者は岩に化け、またある者は瞬時に色を変えます。晩秋の漁港で繰り広げられるのは、進化の末にさまざまな技を身に着けた、生き物たちによる"仮装"大会です。

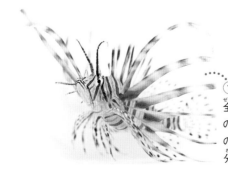

①ハナミノカサゴ
全長約8cmの幼魚。ひれの色とアゴの下の筋模様の有無でミノカサゴと見分けられる。

ケヤリムシや
イソギンチャクに化ける

①ハナミノカサゴ 🟢毒
②キリンミノ 🟢毒
（①②スズキ目フサカサゴ科）

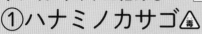

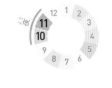

生態メモ

華やかに広がるひれがとっても美しいカサゴの仲間。つい手を触れたくなってしまいますが……背びれに強い毒針（毒棘）を持っているので決して触らないように注意しましょう。まさに「キレイな花には"毒"がある」です。

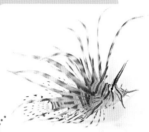

ハナミノカサゴの幼魚。

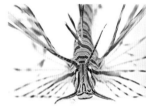

正面からの写真。

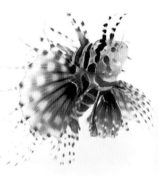

②キリンミノ

全長約7cm。尾びれの付け根に「T」のような模様があることが特徴。

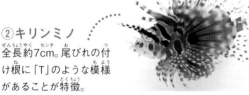

よくいる場所 ▶ 岸壁沿い	動き ▶ 貼り付いて動かない	カリブの採集場所 ▶ 房総半島の漁港

見つけ方&すくい方

満潮のときのほうが魚が多く、採集しやすいのが漁港の基本。しかし、ミノカサゴの仲間は干潮時が狙い目です。彼らが擬態する海藻やイソギンチャク、ケヤリムシなどはほぼ移動しないため、干潮時にも干上がらないようある程度深い

ところに生えています。満潮時だと深くて見つけにくいのですが、海面が下がっている干潮時にのぞくと見つけやすくなります。ケヤリムシがたくさんいる場所を見つけたら、その近くに彼らがくっついている可能性が高いので要チェック。ひれの先しか見えないこともあるので、ケヤリムシと何か違う"違和感"を探しましょう。

カリブの一言

すくうとき、周りのケヤリムシや海藻を傷つけないように注意しよう！

10月

11月

135

海藻に化ける
カミソリウオの仲間
（トゲウオ目カミソリウオ科）

1月

2月

生態メモ

タツノオトシゴ（→62ページ）と同じトゲウオ目に属する魚。"枯葉系幼魚"と似た雰囲気がありますが、こちらは普段は海面に浮かぶのではなく、底のほうで頭を下にして漂い、"海藻の切れ端"を演出します。体形や皮弁の生え方などに個体差があり、何種類かに分かれたり1種類に統合されたりと分類が安定しない魚でもあります。

全長約11cmの成魚。腹びれが独立しているのでオス。

全長約13cmの成魚。腹びれがおなかにくっついて育児嚢を持っているのでメス。

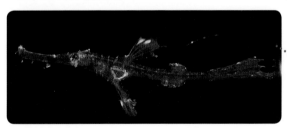

全長約6cm。ホソフウライウオと呼ばれるタイプだと思われる。このように、赤や茶色の個体もいる。

よくいる場所	動き	カリブの採集場所
▶ 海底・海面	▶ 漂うようにゆっくり泳いでいる	▶ 西伊豆の漁港

 見つけ方＆すくい方

彼らは海面を流されてくるタイプの魚ではないため、風のあまりない日に、流れの穏やかな漁港に現れる印象です。あまり深くない漁港で、海底付近に生えている海藻の周囲を注意深くのぞいてみましょう。ゆらめく海藻の中で、少しだけ違う動きをしている切れ端が見えたら、カミソリウオかもしれません。動きはゆっくりなので、長い網をうまく使えばすくえます。時々海面に現れることもありますが、その場合は枯葉系幼魚を探すときと同じ違和感センサーを働かせましょう。

 カリブの一言

枯葉・海藻系の中では一番完璧に擬態している魚かも。これを上から見つけられるようになったら岸壁マスターだ！

岩に化ける
①イソカサゴ ⚠毒
②コクチフサカサゴ ⚠毒
（①②スズキ目フサカサゴ科）

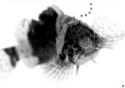

（右上）コクチフサ
カサゴ・昼

12 1 2 3 4 5 6 7 8 9 10 11

イソカサゴは通年
（稚魚は12月）・夜

生態メモ

成長しても10cmほどの小型種のイソカサゴ。白い帯状の模様が首元に出たり、体全体が白っぽかったりと色彩変異に富み、うまく環境に溶け込んでいます。より岩っぽい柄と体形をしたコクチフサカサゴなど、岩場にいるイメージのカサゴの仲間も時々漁港の壁面に姿を現します。

①イソカサゴ
全長約5cmの幼魚。首元が白くなっている状態。

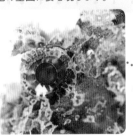

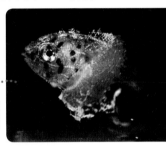

全長約1cmのイソカサゴの稚魚。顔に不規則な黒い模様があることが特徴。

②コクチフサカサゴ
全長約11cm。オーロラのような目がとても美しい。

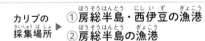

よくいる場所 ▶	動き ▶	カリブの採集場所 ▶
岸壁沿い・海面	貼り付いて動かない	①房総半島・西伊豆の漁港 ②房総半島の漁港

 見つけ方＆すくい方

イソカサゴはこれだけ鮮やかな赤色だとさぞ目立ちそうなものですが、漁港の壁面には案外赤いものが多いため、うまく身を隠しています。透明な稚魚は海面付近を漂っています。イソカサゴが夜に現れるのに対し、コクチフサカサゴは昼間に堂々と壁面に貼り付いていることも。どちらも基本的な探し方やすくい方はカサゴ（→50ページ）と同じですが、暗い場所を好むため、昼間に探す場合は漁港の角の影になっている部分をのぞいてみましょう。

 カリブの一言

正面顔がとってもかわいい小型のカサゴたち。でも彼らも背びれのトゲに毒を持っているので触らないように気を付けてね！

②
11月
①
12月

完全に気配を消す
レプトケファルス幼生
（ウナギ目など）

通年（特に11〜12月）・夜

生態メモ

アナゴやウツボなどウナギ目に属する魚たちは、稚魚の頃、透明で平たい姿をしています。これは敵に見つからずに海流に乗って長旅をするのに適した姿で、体のわりに頭が小さいことから「小さい頭」を意味する「レプトケファルス幼生」と呼ばれます。成長すると一度体が縮むという特徴があります。

彼らの食生活には謎が多く、ウナギの稚魚を中心に近年さまざまな研究がされています。多くの魚が歯が口の奥側を向いて生えているのに対し、彼らの歯は前を向いて並んでいるという特徴があり、これも特殊な食性をひも解く手掛かりとなりそうです。

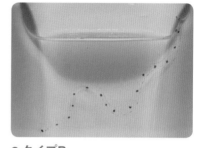

● タイプB
全長約11cm。体が細長くて黒い点が並ぶ。

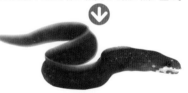

約3カ月半後の姿。全長約10cm。

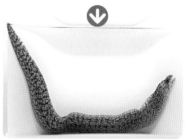

約1年9カ月後の姿。全長約30cm。立派なウツボの仲間に成長。

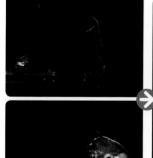

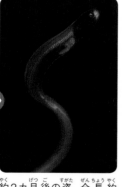

約2カ月後の姿。全長約5.5cm。ウツボの仲間と思われる。

● タイプA
全長約8cm。体の幅が広めのタイプ。歯が前向きに生えている。

11月

12月

138

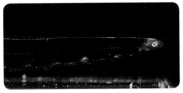

● タイプC
全長 約7cm。顔がとんがり、体に緑の点が並ぶタイプ。

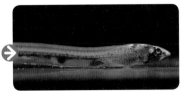

たった8日で様変わり。ウミヘビの仲間だろうか。

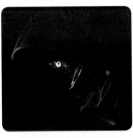

● タイプD
全長 約7cm。頭を内側にしてとぐろを巻くのは防衛行動。

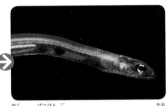

約1カ月半後、チンアナゴのような顔つきになった。全長 約6cm。

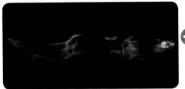

● タイプE
全長 約8cm。体に厚みがあるタイプ。

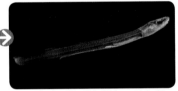

約3カ月後の姿。全長 約6.5cm。青みがかってきたが、まだ透き通っている。

よくいる場所 ▶ 海面	動き ▶ 常に泳ぎ続けている	カリブの採集場所 ▶ 房総半島・西伊豆の漁港

見つけ方＆すくい方
夜、街灯に照らされた漁港の海面に現れます。無風の日でも見られますが、風があるとより出会える可能性が高まるでしょう。体を大きくくねらせて泳いでいるのですが、とにかく見えない！ 彼らを上から見つけるのは、森の中で透明になったプレデターを探すようなものです。「モヤッと動いた感じを見つける」、「唯一見える目の部分を探す」、「体に並んだ斑点の規則的な動きを探す」など、タイプによって手掛かりが異なります。"違和感察知能力"を磨いて挑戦してみましょう！ ちなみに、ウナギの稚魚を採集すると法令違反になることがあるので気を付けましょう。

カリブの一言
これぞ生命の神秘！ 僕は特に、くねらせたとき体の断面が見えるところに心ひかれるんだ。

漁港の忍者
①ミミイカの仲間
②コウイカの仲間
③ヒメイカ

（①ダンゴイカ目ダンゴイカ科・②コウイカ目コウイカ科
③ヒメイカ目ヒメイカ科）

ミミイカは通年・夜
12 1 2 3 4 5 6 7 8 9 10 11

生態メモ

体表の "色素胞" を調節して瞬時に色を変え、透明になることも真っ黒になることもできるイカの仲間。さらに自分と同じくらいの大きさの墨を吐いて、敵にそれを食べさせている間に逃げるという "変わり身の術" まで持っていて、まるで忍者のよう。ここで紹介する、すくいやすい種類以外にも、アオリイカやスルメイカなど、とても素早くて網では苦戦する種類も多く現れます。

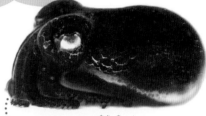

①ミミイカの仲間
外套（胴体部分）長約2cm。丸くなって着底すると "あんこもち" のよう。

実際はこのくらい

約2cm

（ミミイカの仲間）

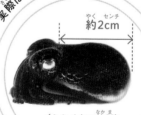

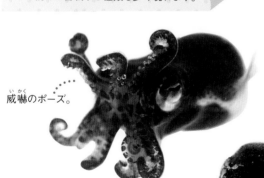

威嚇のポーズ。

上からの写真。

1月 2月 3月 4月 5月 6月 7月 8月 9月 10月 11月 12月

140

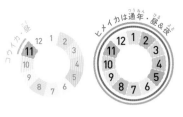

ヒメイカは通年・昼&夜

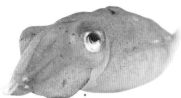

②コウイカの仲間
外套長 約4cm。眠そうな目がかわいい。

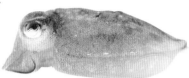

③ヒメイカ
外套長 約1cm。これですでに成体。

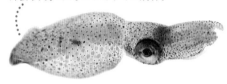

実際はこのくらい

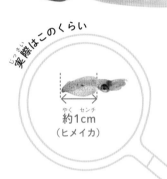

約1cm
（ヒメイカ）

よくいる場所 ▶	①②海面 ③海面・流れ藻の中	動き ▶	常に泳ぎ続けている	カリブの採集場所	三浦・房総半島・西伊豆の漁港

 見つけ方＆すくい方

①昼間は見かけず、夜になるとたくさん現れるミミイカの仲間。黒っぽいずんぐりした体形で、大きな"耳"をパタパタ羽ばたかせてゆっくりと海面付近を泳いでいるので、スマートな動きをするほかのイカとはだいぶ違う存在感を放っています。街灯の下などには5mmほどの赤ちゃんが集まっていることも。素早く泳がないので網1本で簡単にすくえます。

②漁港ではあまり多くは出会いませんが、昼間に時々海面を漂っているほか、海底に座っている姿を見かけることも。
③昼でも夜でもたくさん現れるヒメイカは、ほかのイカとは違い、流れ藻にくっついている姿もよく見かけます。そのため普段は茶色。外套膜（胴体）の先端が物にくっつく構造になっており、観察ケースの壁面にもくっつきます。

 カリブの一言
イカの仲間だけで何ページも紹介できそうなくらい、漁港にはいろいろな種類が現れるよ！

②

11月

141

想像の斜め上をいく甲殻類
①シャコの仲間
②ワレカラの仲間
（①口脚目シャコ科・②端脚目ワレカラ科）

① ②

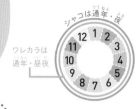

シャコは通年・夜
ワレカラは通年・昼夜

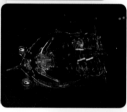

①シャコの仲間

全長約3.5cmのアリマ型幼生。両側に開いた手のようなものをパチンとたたく仕草が見られる。

シャコの仲間には、角の生えたヘルメットを被ったような姿の種類も。こちらは「エリクタス型幼生」と呼ばれる。

生態メモ

すしネタとして有名なシャコですが、幼生の頃の姿はあまり知られていません。実は平たい体形で透明なバルタン星人のような姿をしているんです。この時期は「アリマ型幼生」と呼ばれ、プランクトン生活をしています。一方、昆虫のナナフシやカマキリに似た奇妙な姿のワレカラは海藻に付いて生活しています。

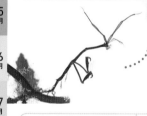

②ワレカラの仲間

全長約4cm。腹部はほとんどなく、体の両端に物にしがみつくための脚が生えていて、尺取り虫のように移動する。

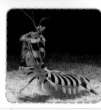

大きくなったらこうなるよ
トラフシャコ

よくいる場所 ▶	①海底 ②海藻の中	動き ▶	①常に泳ぎ続けている ②くっついて動かない	カリブの採集場所 ▶	三浦・房総半島・西伊豆の漁港

見つけ方＆すくい方

①レプトケファルス幼生（→138ページ）と並ぶ見つけにくさです。夜、街灯に照らされた海面付近を舞うように高速で泳いでいますが、よほど目が慣れていないと見えないので、やはりモヤッと動く違和感で察知するしかありません。網で簡単にすくえますが、網やバケツの中でも見失いやすいので、隔離ボックスに入れるなど工夫しましょう。

②1〜4cmほどのさまざまな種類のワレカラが漁港のいたるところに潜んでいます。数は多いのですが、色も形も海藻によく似ているので、上からのぞいて見つけることはほぼ不可能です。観察したい場合は、網で海藻を傷つけないようそっとこすようになでると、びっくりして海藻から離れたワレカラが、網にくっついてくることがあります。

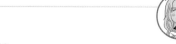

カリブの一言

身近にいるけれど気付かれない彼ら。一度存在に気付いてしまうと頭から離れない魅惑の宇宙生物だ！

1月
2月
3月
4月
5月
6月
7月
8月
9月
10月
11月
12月

体隠して点光らせる

①ミツボシ クロスズメダイ
②ヒメテングハギ

（スズキ目①スズメダイ科・②ニザダイ科）

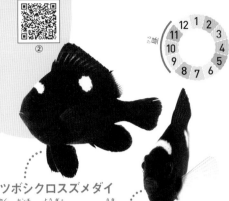

生態メモ

縄張りを大事にして群れで暮らしているミツボシクロスズメダイ。真っ黒なので、一見目がどこにあるのか分からないのですが、代わりによく目立つ白い点が背中にあります。魚お得意の「眼状紋」ですね。ヒメテングハギは体の色を瞬時に変える達人で、背景に溶け込みます。

①ミツボシクロスズメダイ

全長約4cmの幼魚。ひれの先まで全身真っ黒で、近くで見てもシルエットのよう。

白い点は頭に1つ、背中側に左右1つずつ、合わせてミツボシ。

②ヒメテングハギ

全長約4.5cmの幼魚。まだら模様が出ている状態。

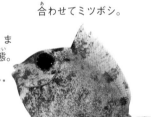

この子もヒメテングハギ。模様があまり出ていないときは、尾びれの付け根がより白く輝く。

よくいる場所	①岸壁沿い・海底 ②岸壁沿い	動き	常に泳ぎ続けている	カリブの採集場所	①房総半島の漁港 ②房総半島・西伊豆の漁港

見つけ方&すくい方

①単独で見るととても目立つ姿ですが、漁港で上から見ると、黒い体がうまく海底に紛れます。ただ特徴的な白い3点は日光の下では輝いて見えるので、それを頼りに見つけられるでしょう。岩の間でも見られますし、イソギンチャクの生えた海底にも群れています。追いかけると岩陰に素早く逃げられますが、近くでしばらく網を構えておくと、徐々に警戒心が薄れてきて近づいてくるので、安心しきったところですくってみましょう。

②中層の岸壁沿いを泳いでいます。背景に合わせて色を変えるため、体そのものは見えにくいですが、これまた尾びれの付け根に輝く白い点があるのでそれを探しましょう。ただしほかのニザダイの仲間（→94ページ）以上に素早いので、すくうのは簡単ではありません。

カリブの一言

白と黒だけでここまでカッコイイ姿になれるんて……ミツボシクロスズメダイの容姿にほれぼれ！

9月

10月

11月

143

12月

深海

　海水温が下がり、浅瀬と深場の温度のバランスが変わるこの季節。普段はめったに見られない"深海"生物たちが浅瀬に現れます。

　エサの少ない深海という環境は幼魚が育つにはあまり適していないため、敵の少ないこの季節に浅瀬を漂い、プランクトンを食べて成長して、深海へと下りていくのです。

　そんな彼らを一気に海面まで運んでくるのが「湧昇流」。深海から上へ向かって流れる上昇気流の海中版のようなものです。

　その指標となるのが、深海性のクラゲ類。遊泳力がなく自力で上がってこられない彼らが漁港にいるということは、深海からの流れがきているということ。毒の触手を持つ「刺胞動物」のクラゲと、カブトクラゲなどの「有櫛動物」、そしてサルパなどの「脊索動物」。こうしたプランクトンが集まる漁港を見つけることが、深海生物に出会うための手掛かりとなります。

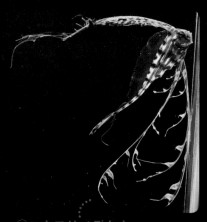

①ユキフリソデウオ

体長約5.5cmの幼魚。糸状に伸びるひれには、房というより"皮弁"のようなものがたくさん付いている。

144

波間に漂う天女の羽衣
①ユキフリソデウオ
②ヒメクサアジ
(アカマンボウ目①フリソデウオ科・②クサアジ科)

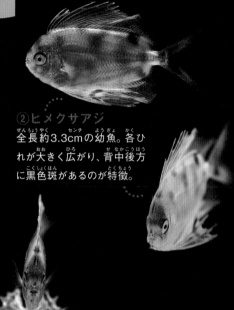

生態メモ

リュウグウノツカイ (→146ページ) と同じく、アカマンボウ目に属する2種。生きた姿はなかなか見られない、とても珍しい深海魚です。リュウグウノツカイのひれが赤いのに対して、ユキフリソデウオは鮮やかな黄色。この仲間で最も華やかなひれを持っており、やはりクラゲ類への擬態だと考えられています。ヒメクサアジは名前のとおりアジの仲間のような姿をしていますが、実際はまったく異なる魚。大きく広がるひれが魅力的です。

②ヒメクサアジ
全長約3.3cmの幼魚。各ひれが大きく広がり、背中後方に黒色斑があるのが特徴。

正面から見ると、腹びれが横へ広がっていることが分かる。

よくいる場所 ▶ 海面	動き ▶ 漂うようにゆっくり泳いでいる	カリブの採集場所 ▶ 西伊豆の漁港

見つけ方&すくい方

彼らにはこれまで1度しか出会ったことがないので、見つけ方もなにもありませんが……現れたときの海の様子は、リュウグウノツカイのときと同様、深海性のクラゲが大量に浮かんでいました。少し離れた場所を漂っていたユキフリソデウオは、クラゲ類のようにも、ウミシダ類のようにも見えました。意外だったのは、魚らしい形をしていると思っていたヒメクサアジがクラゲに見えたこと。向こうからこちらへ泳いできたので正面顔を見たのですが、横へ大きく広がる腹びれがクラゲのように見え、二度見してようやく気付きました。

カリブの一言
アカマンボウ目の幼魚たちはとってもデリケート。網を使うと、ひれがちぎれたり体が弱ったりするので、もしすくうならば大きなひしゃくを使うことがオススメだよ!

11月

12月

145

幻の深海魚、漁港に現る！！
①リュウグウノツカイ
②テンガイハタ
（アカマンボウ目①リュウグウノツカイ科・②フリソデウオ科）

生態メモ

全長約5メートルにもなる幻の巨大深海魚リュウグウノツカイ。その生態はいまだ謎だらけ。深海では頭を上にした斜めの体勢で泳いでいるとされ、敵に襲われるとトカゲのしっぽのように体の後ろ側を"自切"して逃げるとも考えられています。青白い肌に赤い髪というイメージの人魚（セイレーン）伝説のモデルになったという言い伝えもあります。これまで漁港で出会った3個体から、成長段階におけるひれの構造、特に浮力を保つことやクラゲ類への擬態に役立っていると考えられる房状の器官の変化を観察することができました。また、リュウグウノツカイの体を短くしてひれをゴージャスにしたような姿のテンガイハタは、いくつかのタイプがいるとされ、分類の研究がなされている最中です。

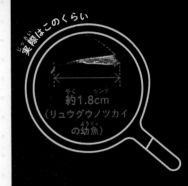

実際はこのくらい

約1.8cm
（リュウグウノツカイの幼魚）

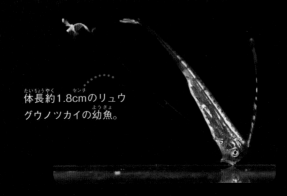

体長約1.8cmのリュウグウノツカイの幼魚。

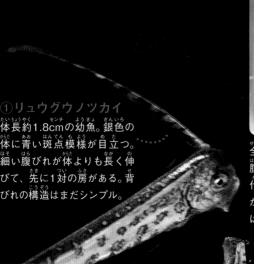
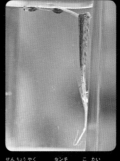
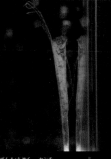

① リュウグウノツカイ

体長約1.8cmの幼魚。銀色の体に青い斑点模様が目立つ。細い腹びれが体よりも長く伸びて、先に1対の房がある。背びれの構造はまだシンプル。

全長約3.5cmの個体は、腹びれがシンプルになった代わりに背びれにいくつかの房が付いていた。体形は細長く伸びた印象。

全長約7cmのこの子は、腹びれも背びれもシンプルな構造になり、成魚の雰囲気に近づいている。

② テンガイハタ

体長約2.5cmの幼魚。背びれや腹びれは糸状に長く伸び、所々にオレンジ色の房が付いている。尾びれは斜め上側に向かって大きく広がる。

よくいる場所 ▶ 海面	動き ▶ 漂うようにゆっくり泳いでいる	カリブの採集場所 ▶ 西伊豆の漁港

 見つけ方&すくい方 漁港の海面がカブトクラゲやサルパ（プランクトン）などで埋め尽くされている状態のときに、彼らは突然現れます。夜のほうが出会いやすいと思いますが、風向きによっては昼間から浮かんでいることも。上から見ると魚というよりクラゲのように見えます。特に、（採集したときに）近くに多く浮かんでいたヨウラククラゲは、青白い体から赤い触手が伸びていて、ある程度の速さで泳ぐため、写真で見る以上にそっくりでした。ひれが糸状に広がるテンガイハタは最初は本当にクラゲと間違えたほど。擬態して身を守っているのだと納得しました。

 カリブの一言
ダイビングでの目撃情報があり、もしや漁港にも……と思って探しに行ったんだ。地形や風向き、街灯の明かりなど、これまでの経験を総動員してポイントを絞って、本当に出会えたときは興奮しすぎて倒れるかと思った！！

海の癒やし系キャラナンバーワン！

アカグツの仲間

（アンコウ目アカグツ科）

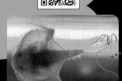

生態メモ

真っ赤なトゲトゲのパンケーキのような姿で、腹びれと胸びれを使って海底を歩く深海魚アカグツ。その姿がカエルに似ていることから、赤いグツ（ヒキガエルのこと）でアカグツと名付けられたといわれています。比較的よく知られた魚ですが、実は稚魚の姿はきちんと記録されていませんでした。そんな世界的大発見が、なんと漁港の海面に！ 風船のような透き通った膜に覆われ、尾びれから糸が伸びる様子から、この子もまた浮力とクラゲへの擬態が想像できます。記録がないため正確には種までは同定できず、「アカグツ属の一種」となります。

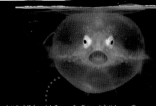

上から見ると、成魚のひれの構造と似ている。

体長約2cmの稚魚。風船を透かして見ると、表面がトゲトゲの本体部分が見える。

大きくなったら こうなるよ

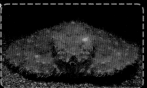

見る角度が違うと印象がまったく異なるのがこの子の魅力。尾びれの糸は飼育している間伸び続けた。

よくいる 場所 ▶ 海面	動き ▶ 漂うようにゆっくり泳いでいる	カリブの 採集場所 ▶ 西伊豆の漁港

見つけ方＆すくい方

たった一度きりの奇跡の出会い。昼間の漁港の海面を、大きなオタマジャクシのようなものが、全身ゆさゆさ揺らしながら漂っていました。周りには深海性のクラゲ類がたくさん。上から見たときのひれの生え方から瞬時に「アカグツの子じゃないか！？」と叫んだものの、すくって顔を見てびっくり仰天。かつて図鑑でも見たことがないユーモラスな姿に、大変なものを見つけてしまったと興奮で体が震えました。

カリブの一言

僕がこれまで出会った中でダントツ珍しい子だよ。しかもこのかわいらしさ！ 魚界のアイドルだ！

11月

148

デリケートな深海のスピードスター
ハダカイワシの仲間
（ハダカイワシ目ハダカイワシ科）

生態メモ

世界に約250種もの仲間がいるハダカイワシは、深海を代表する魚のひとつ。うろこが剥がれやすく、漁で揚がったものはすぐに裸状態になってしまうことから、この名が付きました。ちなみにイワシの仲間ではなく、ハダカイワシ目という独立したグループに属します。最大の特徴はおなか側に「発光器」が並んでいること。これをぼんやり青白く光らせることで、うっすらと届く光に紛れて自分の影を消し、下から狙う捕食者の目を欺きます（カウンターイルミネーション）。

●タイプA
全長約4cmの若魚。西伊豆の漁港でよく目にするのがこのタイプ。発光器の並び方からイワハダカと思われる。

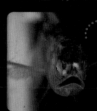

世にも珍しいハダカイワシの正面顔。口が「へ」の字で不機嫌そうな表情。

●タイプB
全長約1.7cmの稚魚。とがった上あごや色素胞（体色変化に関わる細胞）、頬の発光器などから、トンガリハダカ属の一種ではないかと思われる。

正面からの写真。青く光る目が美しいが、口角はやはり下がっている。

よくいる場所 ▶ 海面	動き ▶ 常に泳ぎ続けている	カリブの採集場所 ▶ 西伊豆の漁港

見つけ方＆すくい方

昼間は深海にいるため見かけませんが、夜になるとエサのプランクトンを求めて海面まで上がってきます（日周鉛直移動）。そのため、案外夜の漁港にはたくさん泳いでいることも。上から見るとあまり特徴はなく、少しずんぐりした茶色っぽい小魚という印象。ところが、泳ぎ方がとても特徴的です。まっすぐ泳いだかと思うと突然カクッと曲がって、またまっすぐ泳いで……これを高速で繰り返しており、周りにいる魚と明らかに違う存在感を放っています。動きが速く、進む方向も読めないのですくうのは一苦労ですが、勘で泳いできそうな方向に待ち伏せしてみましょう。タイプBは一度しか会ったことがないので、見つけ方は不明です。

カリブの一言
とてもデリケートなので、うろこが付いている生きた姿が見られるのは岸壁採集ならでは！

頭に何か生えてる！
①ワニギスの仲間
②ツボダイの仲間
（スズキ目①ワニギス科・②カワビシャ科）

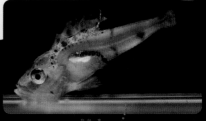

生態メモ

深場の砂泥底（海底の細かい砂地・泥地）に棲み、大きな口で小魚などを捕食するいかつい顔の魚ワニギス。稚魚の頃は目を疑う姿をしています。頭からオレンジ色の細長い羽のようなものが生えているのです。食用魚としても時々流通するずんぐりした深海魚ツボダイは、稚魚の頃は頭に硬いトゲがたくさん生えています。

①ワニギスの仲間

全長1cm弱の稚魚。頭部の羽のようなものは、正確にはえら蓋（えらを保護する薄い板）から生えている。

大きくなったら
こうなるよ　　ツボダイ

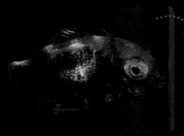

②ツボダイの仲間

全長約1cmの稚魚。写真からは背びれのスジの数（鰭条数）を確認できないが、体高がやや低いのでクサカリツボダイの可能性もある。

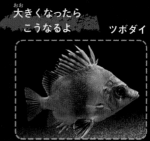

よくいる場所 ▶ 海面	動き ▶ 常に泳ぎ続けている	カリブの採集場所 ▶ 西伊豆の漁港

見つけ方＆すくい方

どちらも海の表層を漂っていると思われますが、ワニギスは実は見てすくったのではなく、気付いたらバケツの中を高速で泳いでいました。ほかの魚をすくったときに、たまたま入ってきたのだと思うので、見つけ方はいまだに謎です。一方ツボダイは、目の上に横へ向かう大きな三角形のトゲが生えているので、上から見て一目瞭然でした。

カリブの一言

頭の羽とトゲ。どちらも身を守るための進化だと思うけれど、ずいぶんと個性的なところに備えたもんだね！

成魚の面影を漂わせる稚魚たち
①ダイナンウミヘビ
②タチウオの仲間
（①ウナギ目ウミヘビ科・②スズキ目タチウオ科）

生態メモ

砂に穴を掘って顔だけを出し、近くを通った小魚などを捕食する砂地のハンター。大きな口にねずみ男のような表情がユニークなダイナンウミヘビですが、その面構えは稚魚の頃からあまり変わらないようです。鏡のような銀ピカボディと鋭い歯が並ぶ口を持つ"泳ぐ日本刀"タチウオ（太刀魚）。こちらの稚魚も、成魚の顔つきや輝きをすでに備えています。

上から見ると背面に黒い点が並んでいた。

①ダイナンウミヘビ
全長約8cmの稚魚。平らで細長く透明な「レプトケファルス幼生」から変態したての姿だと思われる。

顔つきはすでに成魚に似ている。

②タチウオの仲間
全長約2cmの稚魚。口は透けるが、体は少しピンクがかったメタリックな銀色。

よくいる場所 ▶ 海面	動き ▶ 常に泳ぎ続けている	カリブの採集場所 ▶ 西伊豆の漁港

見つけ方＆すくい方

①風のある夜、タイミングが合うと漁港の海面に大量に姿を現します。ヨウジウオ（→84ページ）のような細い体ですが、大きくくねらせて泳ぐので、すぐに見分けられるでしょう。すくうのは簡単ですが、見た目以上に細いようで、細かい網目からも抜けてしまいます。すくったら網ごと素早くバケツ（幅の広いたらいだとより便利！）に突っ込みましょう。

②一度しか出会ったことがないのでそのときの体験談のみですが、数メートル離れた海面にキラリと光るものが見えました。体をまっすぐ伸ばして斜めになって、リュウグウノツカイ（→146ページ）と似た姿勢で漂っていましたが、ひれらしきものが見えなかったため最初はビニール片が何かかと思いました。ただ、明らかに流れに逆らって泳いでいるのですくってみたところ、ギラギラ輝くタチウオでした。

カリブの一言
多くの稚魚が成魚とはまったく違う姿をしている中、そのままミニチュアにしたような姿のタチウオを見たときは感動した！

驚異的な生活スタイルの
スケスケモンスター
①タルマワシの仲間
②ダルマガレイの仲間
（①端脚目タルマワシ科・②カレイ目ダルマガレイ科）

生態メモ

冬の夜の定番ともいえる2種。"深海のエイリアン"と呼ばれるタルマワシは、見た目だけでなく生き方もエイリアンそのもの。クラゲに似たプランクトン、サルパの中身を食べて、その外壁部分を自分の家として利用するのです。たるを回しながら泳いでいるように見えることから「タルマワシ」。ダルマガレイ類の稚魚は、ある程度大きくなるまで、体の左右に目がある普通の魚の姿をしています。これが成長に伴って片側に寄っていくという驚きの変態。

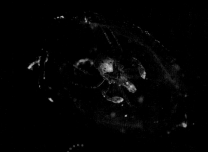

①タルマワシの仲間

サルパの中に入っている体長約2cmの個体。頭部には「複眼」がある。

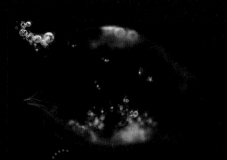

単体で泳ぐ体長約1.5cmのタルマワシの仲間のメス。おなかに卵を抱えている。

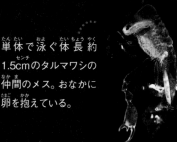

サルパの中に棲み着くのは子育てのため。"たる"の内側にふ化したての赤ちゃんがびっしり付いている。

152

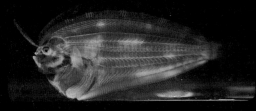

①ダルマガレイの仲間

体長約2cmの稚魚。頭にアンテナのようなひれが立っていることがこの仲間の特徴。所々にオレンジ色の模様が入るタイプ。

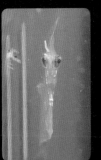

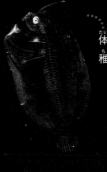

体長約2.5cmのダルマガレイの仲間の稚魚。こちらは模様が入らないタイプ。

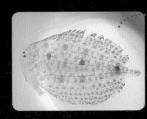

体長約9cmの大型の稚魚。長く伸びる背びれと体外に飛び出した消化器（外腸）、体の模様から、ヤリガレイだと思われる。

正面から見た姿はペラペラ。

よくいる場所 ▶ 海面	動き ▶ 常に泳ぎ続けている	カリブの採集場所 ▶ 西伊豆の漁港

見つけ方＆すくい方

①深海性クラゲが多く浮かんでいる日の夜は、たいてい彼らに出会えるでしょう。漁港の海面では、たるに入っているものと入っていないものとが同じぐらいずつ見られる。青白いたるがそれなりのスピードで動いているので、たる入り個体は遠くからでもすぐに分かります。単独で泳いでいる個体は動きがエビの仲間に似ていますが、大きなカマのような手を広げているので、こちらも分かりやすいでしょう。

②街灯に照らされた海面をヒラヒラ漂っています。ササウシノシタ類（→119ページ）と同じく花びらのように見えますが、より透明なのでさらに目を凝らさないと見えないでしょう。また、この時期は体を縦にして泳いでいることも多いので、そうすると薄っぺらくてほぼ見えなくなります。これは目を慣らすしかありません。デリケートで弱ると体が白っぽくなってしまうので、すくうならば網よりもひしゃくを使うことをオススメします。

カリブの一言

寄生の中でもタルマワシはかなり攻撃的な生き方をしているよね。でもそれも我が子を守るための親の愛なんだ。

1月
2月
11月
12月

進化の極み！
"手ぶれ防止機能"を備えたイカ
ホウズキイカの仲間
（ツツイカ目サメハダホウズキイカ科）

生態メモ

深海では捕食者は下から狙っていることが多いため、身を守るためには自分の影を消すことが大事。ホウズキイカの仲間は、透明になる道を選びました。しかし、彼らのエサの中には発光するプランクトンもいるため、食べたものの光が体外にもれないよう内臓だけは透明にできませんでした。そこでなんと、少しでも影を小さくするために、体がどんな角度になっても細長い内臓を茶柱のように"常に直立させる"という、驚きの機能を備えたのです。

外套長約4.5cm。幼体と思われる。腕を上向きに伸ばして漂う。

体勢が縦になっても内臓は直立している。

外套膜の先端側から見た姿。見事に真ん丸。

よくいる場所 ▶	海面	動き ▶	漂うようにゆっくり泳いでいる	カリブの採集場所 ▶	西伊豆の漁港

見つけ方&すくい方

実はこの子を見つけたのは僕ではありません。一緒に漁港をのぞいていた採集仲間が「透明イカがいる！」と漁港の角を指さしました。丸っこい体で海面をプカプカ浮いていたとのこと。観察ケースに移そうとしたとき、バケツの中でしばらく見失ったほど透明でした。

僕はまだ一度しか出会っていませんが、別の知り合いも西伊豆の漁港で同じ時期にすくっているので、見つけにくいですが、まれに姿を現すようです。

カリブの一言

内蔵が直立することは知識としては知っていたけれど、それを確認できる映像も世の中にほとんどないから、目の前で体をユラユラさせてくれたときにはすごく興奮したよ！

ひげがチャーミングなタラ目の魚
①サイウオの仲間
②チゴダラの仲間
（タラ目①サイウオ科・②チゴダラ科）

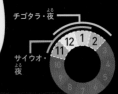

チゴダラ・夜
サイウオ・夜

生態メモ

成長しても10cmほどにしかならない小型の魚、サイウオの仲間は、いまだに分類や生態が謎だらけ。細長く伸びる腹びれが最大の特徴で、長いひげを生やしているように見えます。チゴダラの仲間は、頭が大きくオタマジャクシのような体形をしており、腹びれのほかにあごに1本の短いひげがあることが特徴。

①サイウオの仲間

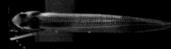

全長約2cmの稚魚。体はまだ透けているが、腹びれはすでに立派に伸びている。

全長約6cm。サイウオの仲間の幼魚の背面。

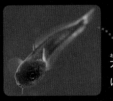

②チゴダラの仲間

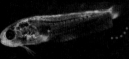

全長約1.7cmの稚魚。生息域は異なるが、ヒメダラの特徴に似ている。

大きな目とあごひげがかわいらしい。

よくいる場所 ▶ 海面	動き ▶ 常に泳ぎ続けている	カリブの採集場所 ▶ 西伊豆の漁港

見つけ方＆すくい方

①岸壁採集で出会う魚の中でも、個人的にはトップクラスに"気になる"泳ぎ方をしています。ハダカイワシ（→149ページ）の動きにも少し似ていますが、まっすぐ泳いで直角に曲がるという動きを繰り返し、「ピンッピンッ」という音が似合いそうな泳ぎ方。それも体を横にしたりひっくり返ったりと、弱っているような心配になる動きなのです。事実弱っている

のかもしれませんが、どのサイウオもそうなので不思議です。光に集まっているので、街灯が照らしている明るい漁港をのぞいてみましょう。
②上から見ると黄緑色や茶色のオタマジャクシのように見えます。体形はイダテンカジカ（→43ページ）の稚魚に似ていますが、もう少し動きがゆっくりで、体を「し」の字に曲げてクルクル回っていることが多いので見分けられます。

カリブの一言
漁港にはそこそこの頻度で現れるけれど謎多き魚たち。岸壁採集家の観察から新たな発見が生まれるかもしれないね！

155

ホウボウかな？と思いきや…
①カナガシラの仲間
②ハチ 🔺毒
（スズキ目①ホウボウ科・②ハチ科）

①

②

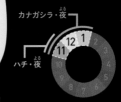
カナガシラ・夜
ハチ・夜

生態メモ

カナガシラの仲間は、ホウボウ（→45ページ）と同じく大きな胸びれと3対の脚のような「遊離軟条」が特徴ですが、ホウボウよりも小型の魚。成長すると種類によって胸びれの大きさと色が異なるので見分けられます。ホウボウに負けない大きな胸びれと1対の遊離軟条、3本のあごひげが特徴のハチは、背びれのトゲに毒があり、触れると昆虫のハチに刺されたような痛みが走ることからその名が付いたそうです。

①カナガシラの仲間

全長約1.3cmの稚魚。ホウボウに似ているが色が薄く、胸びれの上端がとがる。

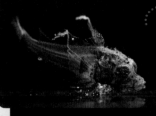

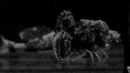

10日後の姿。もうすっかり着底して、体に色が付いて"脚"も発達する。ホウボウの稚魚よりも少し穏やかな表情。

②ハチ

全長約1.7cmの稚魚。あごひげはまだなく、"脚"は分化したて。顔に「入」のような模様があることと、体側に3本の縦ジマがくっきり出ることが特徴。

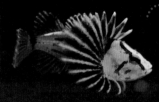

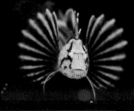

よくいる場所 ▶ 海面	動き ▶ 常に泳ぎ続けている	カリブの採集場所 ▶ 西伊豆の漁港

見つけ方&すくい方

この2種は上から見て「ホウボウだ。いや、でも少し黄色いぞ」と思ってすくった子たちです。現れる場所や泳ぎ方などはほぼ同じですが、ホウボウの真っ黒な姿とは明らかに違う違和感を放っていました。どのような条件の日に現れるのかはまだ分かりませんが、ほかの種と同じく深海性クラゲが、見つけるための指標になっていました。

カリブの一言
浮遊生活期の稚魚だけれど、観察ケースに入れるとすぐに着底して歩いたりするよ。環境適応能力が高いんだね！

真冬の海面の旅人
①ムツ・②マトシボリ
（スズキ目①ムツ科・②テンジクダイ科）

マトシボリ・夜

ムツ・昼&夜

生態メモ

食用魚として一般的なムツは鋭い歯を持つ深場の魚ですが、稚魚や幼魚は漁港に群れでたくさん現れ、岸壁採集家にとっては身近な魚のひとつです。一方、テンジクダイの仲間のマトシボリは、ほとんど知られていない魚。沖縄など南の海に生息していますが、稚魚は冬の西伊豆に姿を現します。

①ムツ
全長約2.5cmの稚魚。体は少し黄色がかった茶色。

1月
2月
3月
4月

②マトシボリ
全長約2cmの稚魚。大きな黄色い胸びれが羽のように広がる。

約3カ月後の姿。第1背びれに、名前の由来である的のような模様が出る。

よくいる場所	動き	カリブの採集場所
①海面・中層 ②海面	常に泳ぎ続けている	①三浦・房総半島・西伊豆の漁港 ②西伊豆の漁港

見つけ方&すくい方

①冬から春にかけて、多くの漁港で見ることができます。この時期に見られる茶色っぽい群れは、ほぼムツだと思ってよいほど。深場の魚の稚魚にしては珍しく、夜よりも昼間のほうが数が多く、風に関係なく現れ、海面下10〜20cm付近を群れで泳いでいます。止まっているようにも見えますが、すばしっこくて網を近づけると一斉に深いほうへ逃げてしまいます。群れでいるときよりも単体で泳いでいるときを狙ったほうがすくいやすいでしょう。

②こちらは風のある日に現れる魚。夜に現れる稚魚の多くと同じように、大きな胸びれをワサワサと動かして海面を漂っています。魚体は地味に見えますが、胸びれが黄色いので違和感を察知できるでしょう。泳ぎはゆっくりなので簡単にすくえます。

カリブの一言

南方に棲むマトシボリの稚魚が冬に伊豆半島に現れるというのは不思議だね。これから少しずつ彼らの生活が解明されていくのかも！

157
12月

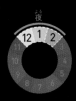

宇宙生物！？の赤ちゃんたち
①カニのメガロパ幼生
②エビのゾエア幼生
（①②十脚目）

生態メモ

「7月 流れ藻」の89ページでも紹介しましたが、プランクトン生活をしている時期のカニは「メガロパ幼生」と呼ばれます。同じようにエビの場合は「ゾエア幼生」。一年を通してさまざまなメガロパやゾエアに出会えますが、真冬の夜に現れる子たちはより一層宇宙人のよう。

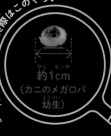

実際はこのくらい
約1cm
（カニのメガロパ幼生）

①カニのメガロパ幼生

体長約0.8cmのミズヒキガニ類のメガロパ。体は赤く、頭から2本の長い角が伸びる。

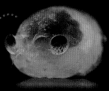

甲幅約1cmのメガロパ。黄色いおまんじゅうのような体で、頭部は赤い。

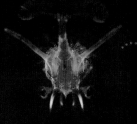

①エビのゾエア幼生

全長約1cmの角がカッコいいゾエア。クダヒゲエビの仲間だと思われる。

ゾエア幼生。たくさんの脚が生えていてモシャモシャと動くタイプも。

よくいる場所 ▶ 海面	動き ▶ 常に泳ぎ続けている	カリブの採集場所 ▶ 西伊豆の漁港

見つけ方＆すくい方
「7月 流れ藻」の節で紹介したメガロパと同じく、街灯が照らしている海面に多く集まります。動き方はそれぞれですが、夏に現れる幼生よりも色が強いものが多い印象なので、見つけやすいかもしれません。ただしゾエア幼生は透明なタイプが多いため、"違和感察知能力"が試されます。

カリブの一言
身近な存在だけれど、まだどのタイプが何の種類に成長するかは謎だらけ。今後研究が進んで、「メガロパ＆ゾエア図鑑」ができたら楽しいね！

1月

2月

夜

海面のアスリート、浮遊性巻貝たち
①カメガイの仲間
②ハダカゾウクラゲ
（①有殻翼足目・②異足目ハダカゾウクラゲ科）

①
②

昼&夜

生態メモ

クリオネ（ハダカカメガイ）が貝殻を持たないのに対し、カメガイの仲間は硬い殻をまとって天使の羽のような「翼足」を羽ばたかせて泳ぎます。ゾウの鼻のような吻（口先）をくにっと動かしながら大きなひれで優雅に泳ぐハダカゾウクラゲは、あまりにも奇妙な姿から、釣り人に発見されるとよくインターネットで騒がれます。

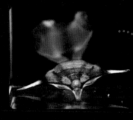

①カメガイの仲間
殻幅約1cmのクリイロカメガイ。漁港で最も多く見かけるタイプ。

1月

殻幅約1cmのヒラカメガイの一種。3本のトゲが特徴。

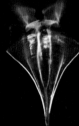
殻幅約1cmのウキビシガイ。ロールプレイングゲームに出てくる聖なる盾のよう。

殻長約1.5cmのウキゾノガイ。動いていないときは生き物だとは思えない。

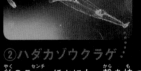

②ハダカゾウクラゲ
約2.5cm。ほかにも、殻を持つヒメゾウクラゲも漁港に現れる。

よくいる場所 ▶ 海面	動き ▶ 常に泳ぎ続けている	カリブの採集場所 ▶ 西伊豆の漁港

見つけ方&すくい方

普段は夜のほうが多くいますが、深海性クラゲが多い時期には昼間でも見られる不思議生物たち。尋常じゃない勢いで羽ばたいているので、特に探そうとしなくても目につきます。ハダカゾウクラゲは透明で、上から見ると名前のとおりクラゲの仲間のように見えるので、やや見つけにくいかもしれません。体がデリケートなので、すくうときは網ではなくひしゃくを使うことをオススメします。

カリブの一言
カメガイはじっと底に沈んでいるかと思うと突然泳ぎ始めて、その運動量といったらアスリートのよう。ゾウクラゲの仲間はけっこうどう猛で、かつて、いけすに入れておいたらカイワリが食べられてしまったことがあるよ。

11月

12月

159

番外編

神出鬼没の珍生物

　漁港は季節と環境を映す鏡。そこで出会える生き物たちの多くは、これまでご紹介したように、きちんとした理由があってその時期、その場所に姿を現します。ところが、僕が長年岸壁採集をしてきた中には、どんなタイミングで現れるのか、いまだに説明できないものがいるのです。ここでは、なぜかバラバラな季節にひょっこり現れる生き物や、ほんの数回しか出会ったことがなくデータが足りない生き物、さらには種類が分からないままの生き物まで、謎多き珍生物たちをご紹介します。

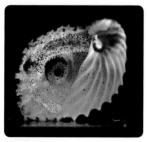

殻直径約2.5cmのアオイガイの幼体。遊泳スタイル。

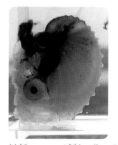

観察ケースの壁面に貼り付き、墨を吐いたところ。

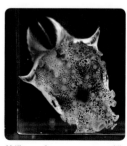

口側から見るとタコらしい姿。

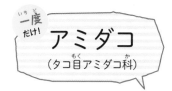

一度だけ！ アミダコ
（タコ目アミダコ科）

出会った月 **12**　出会った場所 **西伊豆の漁港**

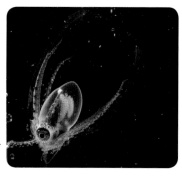

外套長約2cm。サルパに入っている姿。

タルマワシの仲間（→152ページ）と同じく、「サルパ」に入ったまま浮遊するタコですが、どうやって入るのか、何に使っているのかはいまだ謎。かつて一度だけ、12月の夜に西伊豆の漁港で出会いました。海面を浮かんでいる姿を見たときは、4本の長い脚をサルパ内壁に伸ばしており、カギノテクラゲのように見えました。

アオイガイ
（タコ目カイダコ科）

出会った月 **2** **7** **12**

出会った場所 **房総半島・西伊豆の漁港**

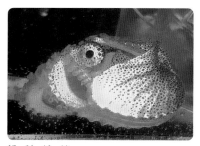

腕の膜で殻を覆っているところ。

自らの分泌液で殻を作り、一生そこに入ったまま、海の表層で浮遊生活をする不思議なタコの仲間。殻は子育てのためのもので、オスは作りません。漁港でまれに見かける幼体は殻の左右に鋭いトゲがあり、そこに先が膜のように広がった腕を引っ掛けて殻全体を膜で覆って浮かんでいます。これまで数回、2、7、12月に房総半島と西伊豆の漁港とで出会いました。昼にも現れましたが、夜に見かけることが多いです。海面付近をプカプカ浮かんでいますが、腕をしまっていると白い貝殻のように見えます。

フィロソーマ幼生
（十脚目）

出会った月 **6**　出会った場所 奄美大島

セミエビやイセエビの仲間の赤ちゃんは平たい体でプランクトン生活（浮遊生活）をしており、「フィロソーマ幼生」と呼ばれます。種類によってはクラゲに乗って移動する姿も観察され、"ジェリーフィッシュライ

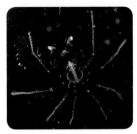

幅約1cm。
体はペラペラ。

ダー"と呼ばれることも。写真の個体は6月に奄美大島で夜に出会いました。脚を大きく動かしてフワフワ泳ぐ様子は、海面に落ちたクモのように見えました。

一度だけ！ ヒメの仲間
（ヒメ目ヒメ科）

出会った月 **2**　出会った場所 西伊豆の漁港

赤いまだら模様が美しい深海魚も、稚魚の頃は透明。かつて一度だけ、2月の夜に西伊豆の漁港で出会いました。海面をかなり素早く泳いでいたのが印象的です。深海性クラゲが多くいたわけでもないので、なぜこのタイミングで現れたのかは分かりません。

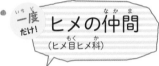

全長約2cm弱の稚魚。おなかに大きな黒斑があることが特徴。

目の上側が蛍光グリーンに光って見える。

大きくなったらこうなるよ

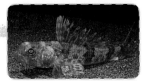

アオミシマ
（スズキ目ミシマオコゼ科）

出会った月 **9** **11**　出会った場所 三浦・房総半島・西伊豆の漁港

海面すれすれを高速で泳いでいて、日光を浴びると体全体が蛍光グリーンに光って見えるので、遠くからでもものすごく目立ちます。9月と11月に三浦半島、房総半島、西伊豆の漁港でそれぞれ1度ずつ出会っています。幼魚は昼、稚魚は夜に現れました。

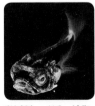 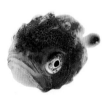

全長約1.5cmの幼魚。いかつい骨格で、正面から見ると四角い。

全長約0.8cmの稚魚。すでにハンターの貫録がある。

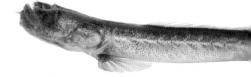

一度だけ！ チワラスボ
（スズキ目ハゼ科）

出会った月 **8**　出会った場所 **房総半島の漁港**

ワラスボといえば"有明海のエイリアン"として有名ですが、近い仲間のチワラスボは本州にも生息しています。一度だけ8月の昼間に房総半島の漁港で2匹見つけました。普段は淡水域にいて川底に潜っていますが、この日は特殊な条件が重なったようで、前日の大雨で海に流されてきて、漁港内の高水温により、弱って海面に浮かんできたものと思います。

全長約15cm。砂に潜って生活しているため、目は小さい。

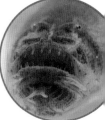

上向きの口には鋭い歯が並び、あごにひげが生えている。

ドチザメ
（メジロザメ目ドチザメ科）

全長約23cmの幼魚。背中にまばらに黒い斑点がある。

出会った月 **6　7**　出会った場所 **房総半島の漁港**

サメの中では最も一般的な種のひとつですが、どちらかというと磯に多いのか、漁港ではあまり見かけません。6月と7月に房総半島の漁港で昼間に出会いました。体を大きくくねらせて海底付近の海藻の間を優雅に泳いでいるので、海藻が多くて底まで見える浅い漁港、かつ透明度の高い日に出会えるかもしれません。

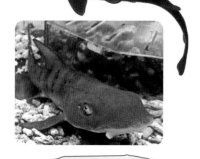

アカエイ🔺毒
（トビエイ目アカエイ科）

出会った月 **9**　出会った場所 **房総半島の漁港**

ドチザメと同じく一般的に見られる種類ですが、漁港には1メートルクラスの成魚が多く、幼魚の登場はまれです。写真の子は9月に房総半島で昼間に海面を泳いでいたもの。比較的流れの少ない、よどんだ漁港に現れる印象です。

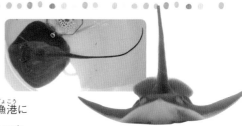

幅約13cmの幼魚。小さくても尾の付け根に強い毒針があるので要注意！

163

ハクセイハギ
（フグ目カワハギ科）

全長約7.5cmの幼魚。白い水玉模様は成長と共に消えていき、全身灰色っぽくなる。

出会った月 6 8 　**出会った場所** 房総半島の漁港

南方から海流に乗って関東近海にやってくると思われる珍しいカワハギ。これまでに2度、6月と8月の昼間に房総半島の漁港で出会いました。岸壁沿いを泳いでいて、カワハギの仲間にしては珍しく、網をゆっくり近づけてもほとんど逃げないおっとりした動きでした。

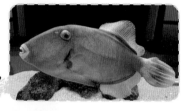

全長12cmほどに成長した姿。水玉模様はドーナツ型になり、ひれが黄色くなる。

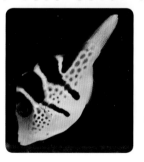

**大きくなったら
こうなるよ**

一度
だけ!

ノコギリハギ
（フグ目カワハギ科）

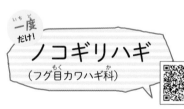

出会った月 7 　**出会った場所** 西伊豆の漁港

毒を持つシマキンチャクフグにそっくりな姿で身を守る "ベイツ型擬態" の代表格。一度だけ7月の昼間に西伊豆の漁港で出会いました。上からのぞいたときは見事にだまされてフグだと思い、すくうまで気付きませんでした。

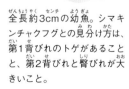

全長約3cmの幼魚。シマキンチャクフグとの見分け方は、第1背びれのトゲがあることと、第2背びれと臀びれが大きいこと。

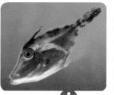

全長約3cmの幼魚。形はウマヅラハギ（→76ページ）に似ているが、かつて見たことがないほどメタリックで、アジの仲間のように銀色に輝いていた。

一度だけ！ メガネウマヅラハギ
（フグ目カワハギ科）

| 出会った月 | 10 | 出会った場所 | 房総半島の漁港 |

ダイビングで成魚はよく見られますが、幼魚の姿は世界でも知られていなかったようで、最初は専門家の方に伺っても種類が分かりませんでした。水槽で育て、1カ月半ほどで模様が出てようやく判明。初めての成長記録となりました。10月の昼間に房総半島の漁港海面で採集。

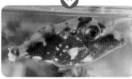

半月後、黒っぽくなった。

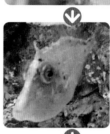

1カ月後、体形が変わり、鼻筋が通って体側に毛が生えてきた。この時点ではアミメウマヅラハギ（→71ページ）を疑った。

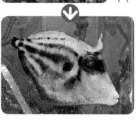

1カ月半後、成魚に似た模様が出た。

一度だけ！ サラサハギ
（フグ目カワハギ科）

| 出会った月 | 6 | 出会った場所 | 房総半島の漁港 |

銀色メタリックな姿だったのでメガネウマヅラハギの再来かと思いましたが、体に小さな黒い斑点があったのでサラサハギだと判断しました。同じく稚魚や幼魚の記録はとても少ない魚。一度だけ、6月の昼間に房総半島の漁港で出会いました。

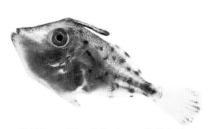

全長約1.7cmの稚魚。小さな斑点模様と尾びれの縁が黒っぽいことが特徴。

165

一度だけ！ ツラナガハギ

（フグ目カワハギ科）

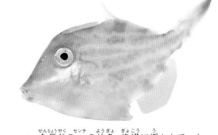

全長約5cmの幼魚。漁港に浮かんでいたときは、このくらい薄い模様だった。

出会った月 12　**出会った場所** 西伊豆の漁港

このようなカワハギの幼魚は流れ藻の時期にやってくる印象だったので、12月末の漁港に現れたときには意表を突かれました。昼間、漁港の角の海面に、木の枝に寄り添って浮かんでいました。季節外れのヨソギ（→76ページ）かと思ってすくってみたら、独特な斜めのシマ模様がありビックリ。

模様がハッキリ出るとこんな感じ。

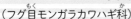

一度だけ！ モンガラカワハギの仲間
（フグ目モンガラカワハギ科）

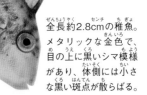

全長約2.8cmの稚魚。メタリックな金色で、目の上に黒いシマ模様があり、体側には小さな黒い斑点が散らばる。

出会った月 11　**出会った場所** 房総半島の漁港

11月の昼間に房総半島の漁港海面に浮かんでいた稚魚。はじめはキヘリモンガラ（→93ページ）かと思ったのですが、すくってよく見ると色や模様に何か違和感が。カワハギ類に詳しい知人から、メガネハギ属の可能性があると教えてもらいました。初めて見るタイプだったので水槽で育ててみたのですが、2カ月半たっても結局種類は分からず……。そのあと死なせてしまったことが悔やまれます。

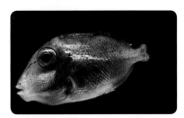

2カ月半後の姿。目が大きく頭でっかちで、相変わらず見たことがない色と体形。

キンチャクダイの仲間

（スズキ目キンチャクダイ科）

| 出会った月 | 10 | 出会った場所 | 房総半島の漁港 |

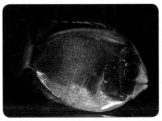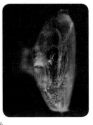

全長約1.8cmの稚魚。丸みのある体は平たく、おはじきのような体形。

一瞬スズメダイ類のように見えましたが、体がとても薄っぺらく、顔が小さいことなどからキンチャクダイ科の一種だと分かりました。ただ、この仲間の稚魚期の資料は少なく、種類までは分かっていません。10月の夜に房総半島の漁港で、尾びれを少し曲げて海面を漂っていました。

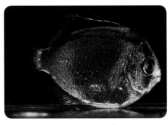

落ち着いたら背中に青く輝くラインが現れた。

ウナギギンポの仲間

（スズキ目イソギンポ科）

| 出会った月 | 12 | 出会った場所 | 西伊豆の漁港 |

12月に西伊豆の漁港で出会ったニョロニョロ稚魚。夜の海面で体をくねらせて泳いできたので一瞬レプトケファルス幼生（→138ページ）かと思ったのですが、上から見ても一目瞭然なほど妙に頭が大きく、見たことがない姿だったのですくってみました。

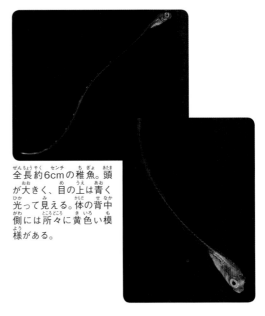

全長約6cmの稚魚。頭が大きく、目の上は青く光って見える。体の背中側には所々に黄色い模様がある。

一度だけ！コバンザメの仲間

（スズキ目コバンザメ科）

全長約4.5cmの幼魚。尾びれ以外ほとんど真っ黒。

この大きさでも頭にはすでに立派な"小判"があり、観察ケースの壁面に貼り付いた。

出会った月 12 **出会った場所** 西伊豆の漁港

小判型の吸盤で大きな魚の体に貼り付いて、エサのおこぼれをもらうコバンザメ。その生態から、漁港ではめったに見ることがない魚ですが、この子はまだ幼魚だからか、単独で海面に浮かんでいました。ほかの魚とは明らかに異なる真っ黒な魚体は、かえって目立ちます。12月の夜に西伊豆の漁港で出会いました。

一度だけ！カシワハナダイ

（スズキ目ハタ科）

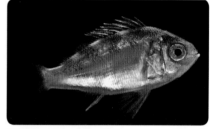

全長約2.5cmの稚魚。鮮やかなオレンジ色で、体高が高く、背びれの棘が長い。

出会った月 12 **出会った場所** 西伊豆の漁港

夜の漁港の海面を、頭を斜め上に向けてひれを全開にして漂っていた稚魚。体高が高かったので模様が出る前のアカイサキだと思っていたのですが、そもそも背びれのスジの数（鰭条数）が違うので完全な間違いでした。育ててみると徐々に姿を変えてカシワハナダイに。12月に西伊豆の漁港で出会いました。

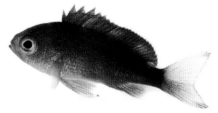

1カ月半後の姿。体高が低くなり、落ち着くとひれの縁が細く紫色に縁取られる。

ハリナガズキンの仲間
（端脚目トガリズキンウミノミ科）

全長約6cm。透き通った細長い体に
赤い模様が入る。

出会った月　6　**11**　12　出会った場所　奄美大島・西伊豆の漁港

この生き物を何と形容したらよいのでしょう……。エビを細長くして、頭部に透明なコックピットをつけて、尾をたくさん枝分かれさせたような姿。ほとんど存在が知られておらず、調べても生態がよく分からないのですが、夜の漁港には時々現れます。体を伸ばしたり「つ」の字にしたりを繰り返しながら、海面に浮かんでいます。6月に奄美大島で、11〜12月には西伊豆の漁港で出会いました。

サフィリナの仲間
（ポエキロストム目サフィリナ科）

出会った場所　夜の漁港

夜の漁港をのぞいていると、時々海中にキラッと一瞬青く輝くものが見えます。イワシ類のうろこが剥がれたもののこともありますが、もしそれが動いていたら、このサフィリナかもしれません。体に特殊な結晶構造を持ち、角度によって輝いたり透明になったりする不思議な甲殻類です。

全長約0.3cm。"海のサファイア"と呼ばれる生物ですが、この子は黄色が強く出た。

一度だけ! マダラウミフクロウ
（側鰓目カメノコフシエラガイ科）

出会った月　12　出会った場所　西伊豆の漁港

ウミウシの仲間であるウミフクロウは普段は海底にいるため、漁港では一度しか出会ったことがありません。12月の夜、西伊豆の漁港の海面をモフッモフッと泳いでいました。水槽に入れると昼間は寝ていますが、電気を消すとかなりのスピードで底や壁面を歩き回りました。

全長約5.5cm。動きを止めているときは丸っこい。背中はクリーム色に黒い水玉模様、おなか側は真っ黒。

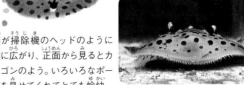

顔が掃除機のヘッドのように横に広がり、正面から見るとカネゴンのよう。いろいろなポーズを見せてくれてとても愉快。

※やけどにご注意ください。

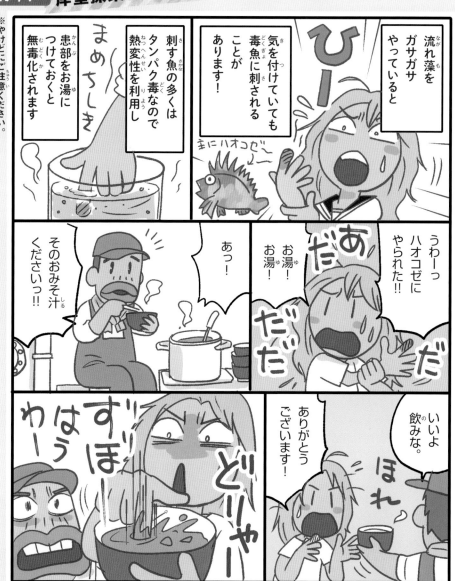

流れ藻をガサガサやっていると

ひ—

気を付けていても毒魚に刺されることがあります！

主にハオコゼ

刺す魚の多くはタンパク毒なので熱変性を利用し

患部をお湯につけておくと無毒化されます

まめちしき

うわーっハオコゼにやられた!!

あだ

お湯！お湯！

あっ！

そのおみそ汁くださいっ!!

だ だ た だ

いいよ飲みな。

ありがとうございます！

ほれ

どーりゃー

すりほうわー

ここで紹介しているのは対処方法の一例です。魚種ごとの具体的な対処方法は180ページを参照してください。

170

3章

出会った生き物たちの「マイ図鑑」を作ろう！

～観察＆記録のススメ～

魚をすくうだけで終わってはもったいない！
出会った生き物を観察して、写真や映像を撮るところまでが
"岸壁採集"です。決して、魚をたくさん採集した人が
偉いわけではありません。本当に楽しく、発見に満ちているのは、
1匹の生き物とじっくりと向き合う時間なのです。
採集して観察し、自分だけの「図鑑」を作っていくのは
楽しいものです。ここでは、観察の際に便利な道具や、
注目すべきポイントをご紹介します。

1 すくう前から「観察」は始まっている！

▶上からのぞく＆水中カメラ

　1章でも触れましたが、漁港は生き物の行動を上から観察できる、特殊な場所です。魚を見つけると、ついすぐに網ですくいたくなりますが、まずは彼らがどんなふうに泳ぎ、どこに隠れ、ほかの生き物とどう関わっているのかを観察してみましょう。

　もちろん肉眼でも見えますが、観察記録を残すのに便利な道具が「アクションカメラ」です。最近は小型カメラの性能がどんどん高まっており、専用の防水ケースを着けることで水中でも手軽に鮮明な映像を残すことができます。僕は上からの観察では、長く伸びるタモ網の柄にカメラを固定して、足元に突っ込むというシンプルな方法で撮影しています。

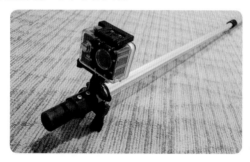

水中の様子を撮影できる「水中カメラ」。タモ網の柄に固定しています。

2 幼魚撮影の必須アイテム ▶すくった魚を入れるケース

　すくった幼魚をじっくり観察したり撮影したりするには、透明なケースが必要です。虫かごを使ってもよさそうなのですが、彼らは泳ぎ回るので、ピントを合わせるためには薄いケースでないと、うまくいきません。また、手の平に魚を乗せて撮影する人もいますが、これは大きさが伝わりやすいというメリットがありつつも、幼魚でやってしまうと急激な温度差により"大やけど"して弱らせてしまうので、撮影は水の中で行うようにしましょう。

　岸壁採集には偉大な先人がいます。僕が幼少期から憧れ、今も背中を追い続けている岸壁採集の師匠・さとう俊さんが、長年のご経験から幼魚を撮影するのに最適な観察ケース「ふぉっとっと®」を開発されてい

172

ます。透明度の高いアクリルケースで、魚が飛び出さないためのフタと、大きさが分かる目盛りが付いている優れもの。全面透明な

ので、天気のよい日は空に透かして撮影すると生き物が明るく写りますし、あえて背景を映りこませるなどの工夫も楽しめます。

愛用の「ふぉっとっと」。背景を入れて撮影してみました。これはスタンダードタイプ（2800円・税別）で、下記のサイトから購入できます。
●スケールつき観察ケース「ふぉっとっと」
（マメチ・プロダクション）
http://mamechi.com/phottotto.html

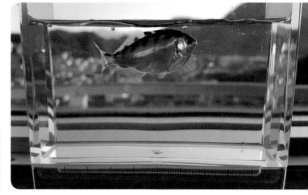

3 幼魚をより美しく撮影するには

▶ デジタルカメラのススメ

きちんとした観察ケースがあれば、スマートフォンのカメラでも十分に貴重な記録を残すことができます。実際、2章に載せている写真の中には、スマートフォンで撮ったものもあります。ただ、画質は良いものの、どうしてもシャッタースピードが幼魚の動きに追いつかない場合もあります。さらに1cmにも満たない稚魚や透明な生き物を撮影する際には、ピントがうまく合わないかもしれません。

そこで、本格的に記録を残したいという方は、「一眼レフカメラ」や「ミラーレスカメラ」などのしっかりした機材に、小さなもの

を接写してもピンボケしない「マクロレンズ」をセットして撮影することをオススメします。僕の普段の撮影方法は、LEDライト付きの折り畳み式「撮影ボックス」の中に、ふぉっとっとを置いて撮るというもの。こう

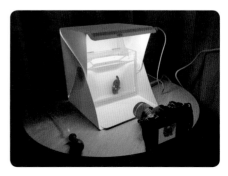

したボックスは1000〜2000円ほどで手に入ります。多くの場合、白と黒の2種類の背景が用意されており、色の濃い魚を撮るときには白背景、明るい色の魚や透明な魚を撮るときには黒背景を使うとうまく写ります。細かいカメラの設定などについては、僕もまだ勉強中なのでカメラの指南書を読んでいただきたいのですが、あれこれ考えるよりも実際にシャッタースピードや露出など

をいじりながら撮影してみて、その生き物にしっくりくるポイントを見つけ出していくのが楽しいです。

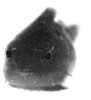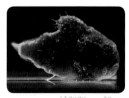

色の濃いダンゴウオ（→61ページ）は、黒背景でも写るものの、白背景のほうが映えるように感じます。

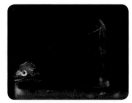

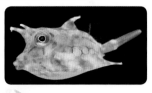

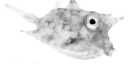

透明なレプトケファルス幼生（→138ページ）は、白背景で撮ると完全に消えます。ちなみに左写真の中央に見える黒い点が目です。

色が薄めのシマウミスズメ（→125ページ）は、黒背景のほうが輪郭がハッキリ見えます。このあたりは魚種と好みの問題。

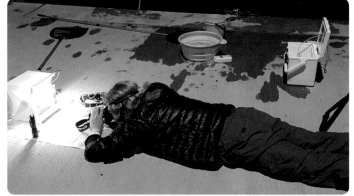

撮影ボックスがあれば、漁港で生き物に出会ったときに、夜でもすぐその場で撮影できます。これはリュウグウノツカイ（→146ページ）を見つけたときの様子。台が欲しいですね……。

4 幼魚のここに注目！ ▶ 360度から見よう

●「正面顔」がオススメ

　観察ケースで生き物をじっくり見ることのメリットは、いろいろな角度から観察できることです。一般的に、図鑑には横からの姿が載っていることが多いですが、僕が注目していただきたいのは「正面顔」です。

　見たことがある魚でも、正面からのぞくと印象がガラリと変わったりします。魚は表情が豊かだということが分かり、新たな魅力を発見できることでしょう。

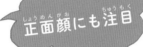
正面顔にも注目

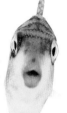
個性的な柄のムラサメモンガラも、正面から見るととぼけ顔。(→131ページ)

眉毛のような骨格がりりしいタカクラタツ。(→62ページ)

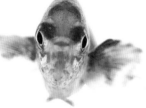
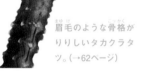

胸びれの大きさがよく分かるハクセンスズメダイの稚魚。(→113ページ)

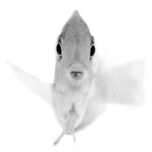
勝ち気なお嬢様のような雰囲気のモンツキハギの幼魚。(→95ページ)

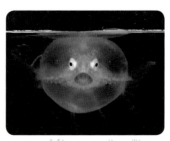
アカグツの稚魚はそのまま癒やし系キャラになりそう。(→148ページ)

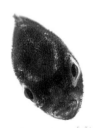
アミモンガラの稚魚は怒ったおじさんのような表情。(→80ページ)

●上からも見てみよう

　また、上から見ると魅力的な生き物もいます。ツクシトビウオ（→74ページ）やセミホウボウ（→129ページ）のように、ひれが横に大きく広がっている魚は、上からの撮影にもチャレンジしてみましょう。これには「トレース台」とガラスの「シャーレ」が便利です。

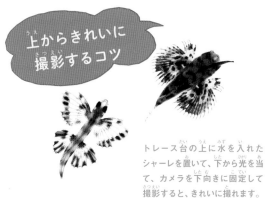

上からきれいに撮影するコツ

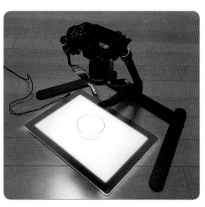

トレース台の上に水を入れたシャーレを置いて、下から光を当て、カメラを下向きに固定して撮影すると、きれいに撮れます。

🐟.5 旅日記をつけよう ▶ 採集と旅の思い出を

　1章で、岸壁採集には地形やその日の風向き、時間帯など、環境を読むセンスが大切だと説明しました。漁港に出かけた際には、出会った生き物の記録だけでなく、その日の気候や漁港の様子、変わった出来事、近くで食べておいしかった料理、泊まった宿の立地など、陸上で見たり感じたりしたことも残しておくことをオススメします。それらは大切な思い出になると同時に、次に出かけるときに、より生き物に出会いやすくなるヒントの宝庫にもなるのです。

　海に足を運ぶ岸壁採集は、生き物の観察だけでなく、現地の人々との交流や地元の名産品、郷土料理、近くの観光地など、多くの出会いと経験ができる素敵な活動です。五感を刺激してくれる身近な冒険の旅に出かけてみましょう！

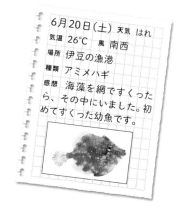

6月20日(土) 天気 はれ
気温 26℃ 風 南西
場所 伊豆の漁港
種類 アミメハギ
感想 海藻を網ですくったら、その中にいました。初めてすくった幼魚です。

こんなふうに観察記録をつけてみてね

年　　月　　日(　)　天気

気温　　　°C　　風向き

場所

種類

大きさ

採集・観察した感想

写真を貼ったり
絵を描いたりしよう

お願い

岸壁採集のおきてとして、「具体的な採集場所（漁港名など）は明かさない」という暗黙の決まりがあります。多くの人が1カ所の漁港に押し掛けると、漁師さんや地元の方に迷惑が掛かり、また、海中の環境が荒らされてしまう可能性もあるからです。詳細は自分用のメモとしては残しておいてよいですが、SNSなどで発信する際には、「西伊豆の漁港」「南房総の漁港」のように大きな地域くらいにとどめておいてください。

カリブからの
提案

楽しみながら海の環境改善

テレビなどで「海の環境改善に取り組みましょう」といわれて、みなさんはパッとイメージが湧くでしょうか？「よし、この取り組みをしよう！」とすぐに行動に移せる方は、きっと海のことをよく知っているのでしょう。動くことは、知ることから始まります。

岸壁採集は、海の環境の現状を知るきっかけにもなります。風に乗って打ち寄せられる漂流物の中には、ビニール袋や食品トレイ、ペットボトルなど、人間が捨てたごみがたくさん混じっており、その量も種類も年々増えているように感じます。漁港は幼魚パラダイスであると同時に、ごみの終着点でもあるのです。また、流れ着くゴミのほ

かにも、途中で切れてしまった釣りの仕掛けが海藻に絡まっていたり、海面を油膜が覆っていたり、海水温の変化のせいか年々南の海の魚が関東にも現れるようになっていたり、冬に海水温が下がりきらず海藻が元気に育っていなかったりと、漁港という限られた範囲の中だけでも、さまざまな環境問題を目にすることになります。

また別の視点では、こんな話を聞きました。ある場所で数年前に浄水場が新しくなり、ろ過能力が一気に上がったそうです。一見とても良いことに思えますが、水をきれいにしすぎたために、有機物など栄養分となるものが不足して、その海域にプランクトンが育ちにくくなり、結果魚が減って

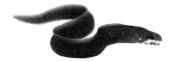

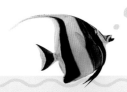

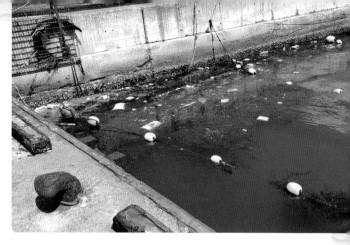

しまったというのです。「海が良いかどうかは、山を見ろ」といわれるほど、自然はすべてつながっていて、絶妙なバランスで成り立っているのだと改めて感じました。

　さて、このまま暗い話で終わらせるつもりはありません。僕が伝えたいのは、幼魚たちのたくましさ。漁港の角にたまっているごみを見ていると、そこに幼魚が寄り添って身を隠しています。まるでクラゲに隠れるかのようにビニール袋の下に潜り込んでいるアジの仲間もいます。海底の空き缶の中に隠れているギンポの仲間もいます。彼らは、ごみさえも生きるために利用しているのです。

　そこで提案したいのが、楽しみながら海の環境を守ること。「ごみを積極的にすくいましょう」とは言いません。幼魚を観察するために手っ取り早い方法が、浮かんでいるごみごとすくうことなのです。これはタモ網を道具としている岸壁採集家ならではの強みです。すくったごみはどこかにまとめておいて、幼魚観察が終わったら、それを持ち帰って自宅のごみ箱に捨てる。ほんのちょっとのことかもしれませんが、海を訪れる多くの人がこうした無理のない行動をするだけでも、積み重なれば大きな結果につながると、僕は信じています。

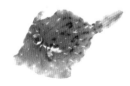

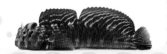

ここに注意！
漁港の危険生物

海には愛らしい幼魚だけでなく、危険な生き物も多く潜んでいます。岸壁採集に熱中するあまり、注意を怠りうっかり手を触れてしまう……ということがないように、最低限の危険生物について調べておくように心掛けましょう。ここでは、漁港でよく出会う危険生物とその対処法を簡単にご紹介します。

● 刺す魚たち

　漁港で最も多く遭遇する危険生物の1つがカサゴの仲間。流れ藻をすくって網の中でガサガサ振ろうとすると、中で擬態していたハオコゼに刺される、ということが、28年もやっている僕でもいまだにあります。彼らは上手に身を隠しているので、気を付けていても完全に避けるのは難しいかもしれません。まずは、刺されたときの初歩的な対処法を覚えておきましょう。

　刺す魚の多くは、「タンパク毒」を持っています。タンパク質には熱変性という性質があります。それを利用して、患部をやけどしない程度の熱いお湯にしばらく浸しておくと、成分が無毒化されて

● 刺すプランクトンたち

　夏になると、風に吹かれて漁港にたくさん流れ込んでくるクラゲたち。長く伸びる触手には、毒のある小さな針をたくわえた「刺胞」が並び、触れると反射的に毒針が発射されます。

　アカクラゲのようにゆっくり漂っているタイプは、近づかなければいいのでまだ安全です。問題は、アンドンクラゲのように高速で泳いでいるものや、カツオノエボシのように長く伸びる触手が透き通った青色で見えにくいもの。漁港にはいつくばる前に、まずは周囲に危険がないか、意識を向けるようにしましょう。

例1 ハオコゼ（48ページ）、イソカサゴ（137ページ）、ミノカサゴ（135ページ）※ハナミノカサゴ
対処法 ▶ 患部をやけどしない程度の熱めのお湯につける。

例2 ゴンズイ（48ページ）、アイゴ（82ページ）、アカエイ（163ページ）
対処法 ▶ 毒性の強い魚に刺されたら、急いで病院へ。

痛みが早く治るのです。

　ただし、ゴンズイやアイゴ、アカエイのような強力な毒を持つ魚に刺された場合は、周りの人に手伝ってもらって急いで病院に行きましょう。

例 アカクラゲ、アンドンクラゲ、カツオノエボシ
対処法 ▶ 患部を水で流し、手袋をはめてピンセットなどで触手を取り除く。毒性の強いクラゲの場合は急いで病院へ。

　やっかいなのは、ちぎれた触手単体に触れても刺されることです。岸壁採集でよくあるのが、クラゲの間にいる幼魚をすくったときに網に触手が絡まってしまい、取り除ききれず忘れた頃に触れてしまうこと。クラゲの多い日に網を入れる際は、どうか慎重に！

もしも刺されてしまったら……決して患部をこすってはいけません。残っている毒針を皮膚に擦り込むことになってしまいます。患部を水で流し、素手で触らずに手袋をはめてピンセットなどで残った触手を取り除き、毒性の強いクラゲならば病院へ急ぎましょう。

●刺すベントス（底生生物）たち

昼間はあまり見かけませんが、夜になるとウニの仲間が起き出して、漁港の壁面を上ってきます。向こうから刺しにくることはありませんが、ほかの生き物に夢中になっているうちに、うっかり触れてしまうことがないよう、常にウニの位置には気を配りましょう。

刺されてしまうと、皮膚の中でトゲの先が折れ

> **例** **ムラサキウニ、バフンウニ、ガンガゼ**
> **対処法▶**抜けるトゲは抜き、患部をやけどしない程度の熱めのお湯につける。抜けないときは病院へ。

て大変危険です。網ですくってもやはり折れて、網目にトゲが残ったままになることがあるので、<u>ウニはすくわない</u>ようにしましょう。

> **例** **ウツボ、カニの仲間、タコの仲間**
> **対処法▶**手を地面にそっと置く（カニ・タコ）。離れたら止血して病院へ。

●かむ＆挟む生き物たち

漁港にはよく1メートルほどもあるウツボが現れます。温厚な魚ですが、口には鋭いキバが並び、危険を感じるとかみついて全身で高速トルネードするため、とても危険です。網もボロボロになるので、決してすくわないでください。もしも網に引っ掛かって上がってしまった場合には、**絶対につかもうとしない**でください。彼らは驚くべき腹筋と背筋でもって体を反らし、手にかみついてきます。

岸壁沿いにはカニも多く暮らしています。小さなものなら挟まれても痛いくらいで済みますが、大きなガザミなどに本気で挟まれたら傷が残ってしまうでしょう。もしカニに手を挟まれてしまったら、無理に引っ張ろうとするとより強い力で挟まれます。痛みを我慢して手をそっと地面に置きましょう。体が地面に着くとカニは安心してハサミを開き、自ら海のほうへと歩き去っていきます。

意外と知られていないのがタコの危険性。強力な吸盤で吸い付かれるとなかなか取れず、面白がっているとガブリとかまれることも。タコにはカラストンビと呼ばれる強力な歯のようなものがあ

り、かまれると血がドバドバ出ることもあります。それだけでなく、唾液に毒を持っているため、焼けるような痛みやしびれが続きます。もし吸いつかれてしまったら、かまれる前にカニと同じように地面にそっと置きましょう。勝手に離れてくれると思います。ただしヒョウモンダコは別格。フグと同じテトロドトキシンという猛毒を持っているため、決して吸い付かれることがないように十分気を付けてください。

ここで紹介した以外にも、夜になると海面で不気味にうごめくウミケムシや、引っ掛かるとケガをしやすいフジツボ、光に向かって突撃してくるダツの仲間など、漁港で気を付けておきたい生き物はいろいろいます。より詳しいことは危険生物の本などをご覧になり、安全な岸壁採集をお楽しみくださいね。

カリプの **岸壁採集あるある！** ‥‥‥❹岸壁の人気者？

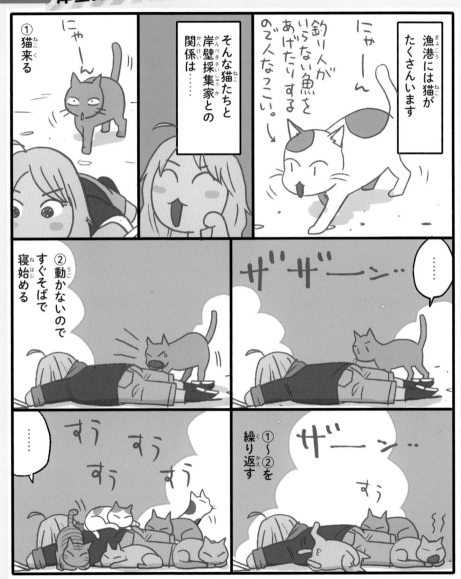

① 猫来る

にゃーん

そんな猫たちと
岸壁採集家との
関係は‥‥‥

漁港には猫が
たくさんいます

釣り人が
いらない魚を
あげたりする
のでんこい。

にゃーん

② 動かないので
すぐそばで
寝始める

ザザーン‥

‥‥‥

すう　すう
すう　すう

‥‥‥

①〜②を
繰り返す

ザーン‥

すう

「大きくなったらこうなるよ」写真協力 (敬称略・掲載順)

- もぐらんぴあ水族館 (p43、p119)
- ブルーコーナージャパン
  (p45、p63、p97、p118、p125、p142、p148、p150、p162、p164)
- 横浜・八景島シーパラダイス (p51、p111)
- サンシャイン水族館 (p102)
- 大村武司 (p124) 撮影地・石垣島

参考文献

- 『日本産魚類検索 全種の同定 第二版』中坊徹次 編 (東海大学出版会)
- 『日本産稚魚図鑑 第二版』沖山宗雄 編 (東海大学出版会)
- 『小学館の図鑑Z 日本魚類館』中坊徹次 編 (小学館)
- 『美しい海の浮遊生物図鑑』若林香織、田中祐志、阿部秀樹 (文一総合出版)
- 『新編 世界イカ類図鑑』奥谷喬司 (東海大学出版部)

おわりに

僕の肩書は岸壁幼魚採集家です。

大学で学んだのは魚類学ではなく心理学。いわゆる魚の研究者ではありません。

0歳から海に通い、趣味として残してきた経験と記録。

そしてカメラの知識の乏しい僕が、拙い撮影技術で撮りためた写真。

そんなたった1人の"愛好家"の記録だけでも、こうして作品にまとめることができるほどの量になるのです。

ここに載っている以外にも、漁港にはいろいろな生き物が現れます。

地域が違えば種類や気候も異なりますし、同じ場所でも年によって環境に違いが見られます。

海は1つの大きな生き物のよう。みなさんが訪れる度に新しい出会いがあり、それが時には魚類学に貢献できるような発見につながることもあるでしょう。

誰もが発見者。誰もが研究者。誰もが発信者。

漁港を訪れる誰もが、"足元の海"にひっそりと暮らしている生き物たちにスポットライトを当てて、彼らをスターにすることができるのです。

この本を手に取ってくださったみなさんが、少しでも海への入り口に興味を持って、これまで遠くの景色に向けていた目線をちょっとの時間、足元の海面に向けてもらえたら、こんなにうれしいことはありません。

今度はみなさんの素敵な発見をのぞかせてもらえることを、楽しみにしています。

鈴木香里武

[著者プロフィール]

鈴木 香里武（すずき かりぶ）

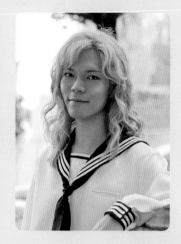

1992年3月3日生まれ、うお座。幼少期より魚に親しみ、さかなクンをはじめとする専門家との交流やさまざまな体験を通して魚の知識を蓄える。荒俣宏氏が主宰する「海あそび塾」の塾長を務め、岸壁幼魚採集家として多くの生き物を観察・記録する。大学院で観賞魚の癒やし効果を研究し、フィッシュヒーリングを提唱。トレードマークであるセーラー（水兵）服姿でメディア・イベント出演、執筆活動を行う傍ら、水族館の館内音楽企画など、魚の見せ方に関するプロデュースも行う。近著に『海でギリギリ生き残ったらこうなりました。進化のふしぎがいっぱい！海のいきもの図鑑』（KADOKAWA）、『わたしたち、海でヘンタイするんです。海のいきもののびっくり生態図鑑』（世界文化社）がある。学習院大学大学院心理学専攻博士前期課程修了。MENSA会員。名前は本名で、名付け親は明石家さんま氏。

 Twitter @KaribuSuzuki

●万一、乱丁・落丁本などの不良がございましたら、お手数ですが株式会社ジャムハウスまでご返送ください。送料は弊社負担でお取り替えいたします。

●本書の内容に関する感想、お問い合わせは、下記のメールアドレス、あるいはFAX番号あてにお願いいたします。電話によるお問い合わせには、応じかねません。

メールアドレス◆ mail@jam-house.co.jp　FAX番号◆ 03-6277-0581

「ときめき×サイエンス」シリーズ④

岸壁採集！
漁港で出会える幼魚たち

2020年7月23日　初版第1刷発行

著・写真	鈴木 香里武
企画協力	株式会社カリブ・コラボレーション
	小島洋一（Takanoプロモーション）
発行人	池田利夫
発行所	株式会社ジャムハウス
	〒170-0004　東京都豊島区北大塚2-3-12
	ライオンズマンション大塚角萬302号室
編集	大西淳子
カバー・本文デザイン	船田久美子
マンガ・イラスト	日高トモキチ
印刷・製本	シナノ書籍印刷株式会社

定価はカバーに明記してあります。
ISBN　978-4906768-81-3
© 2020
Karibu Suzuki,
JamHouse
Printed in Japan

はじめに

漁港 ── そこは果てしなく広がる海への入り口。

漁師さんが仕事をし、釣り人が行き交う、その足元には

人知れず幼魚パラダイスが広がっています。

この"足元の海"をのぞいて魚を探し、タモ網ですくって観察する。

いわば壮大な金魚すくいのような活動が、岸壁採集です。

ダイビングで海中を探検したり、船で沖に出たりすれば、

それはそれは多くの生き物に出会えることでしょう。

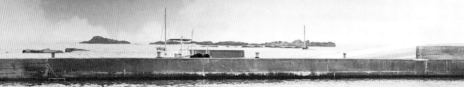

それに比べて岸壁採集は、漁港内にたまたま入ってきた生き物にしか出会えません。

自分が立っているところから

せいぜい5〜10メートルくらいまでの、

ごく限られた範囲内での出会い。

まさに一期一会。それが岸壁採集のロマンです。

魚類学者でもプロの釣り師でもダイバーでもない僕が、

漁港の足元だけで、タモ網だけを使って、いかに多くの生き物に

出会えるのかを、この本でお伝えしたいと思います。

漁港は海へのほんの入り口です。身近な場所に現れる生き物の多様さを知ると、

その先に広がる海がどれだけ豊かな生命を育んでいるのかを感じられて、

僕は心が震えます。

鈴木香里武

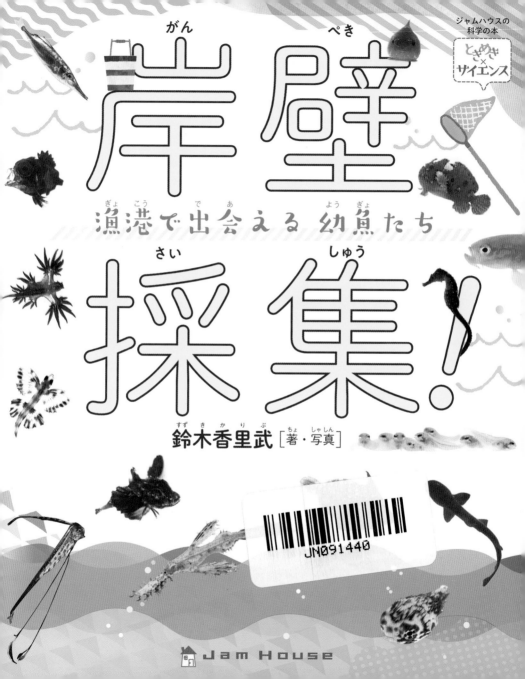

ジャムハウスの
科学の本
ときめき×
サイエンス

岸壁

漁港で出会える 幼魚たち

採集！

鈴木香里武 [著・写真]

JN091440

Jam House